突发环境事件应急监测技术指南

萧大伟　张强　朱晨　张秀文　主编

山东大学出版社
SHANDONG UNIVERSITY PRESS
·济南·

图书在版编目(CIP)数据

突发环境事件应急监测技术指南/萧大伟等主编
.—济南:山东大学出版社,2022.7
ISBN 978-7-5607-7558-6

Ⅰ.①突⋯　Ⅱ.①萧⋯　Ⅲ.①环境污染－环境监测－
指南　Ⅳ.①X83-62

中国版本图书馆 CIP 数据核字(2022)第 120080 号

责任编辑　李艳玲
文案编辑　谭婧婺
封面设计　王秋忆

突发环境事件应急监测技术指南
TUFA HUANJING SHIJIAN YINGJI JIANCE JISHU ZHINAN

出版发行	山东大学出版社
社　　址	山东省济南市山大南路 20 号
邮政编码	250100
发行热线	(0531)88363008
经　　销	新华书店
印　　刷	济南乾丰云印刷科技有限公司
规　　格	720 毫米×1000 毫米　1/16
	17 印张　300 千字
版　　次	2022 年 7 月第 1 版
印　　次	2022 年 7 月第 1 次印刷
定　　价	68.00 元

《突发环境事件应急监测技术指南》
编委会

目 录

第一章　突发环境事件

我国正处于工业化加速发展时期,随着生产节奏的加快与生活活动的日益频繁,特别是在危险化学品生产、储存、运输和使用过程中,存在不同程度的环境污染风险,各类突发环境事件呈现高发态势。《中国环境状况公报(2020)》和《中国生态环境统计年报(2020)》数据显示,2005～2019年的15年间,全国发生环境事件4559起,平均每年303余起。突发环境事件危害严重、影响面大,不仅会造成经济损失,而且对生态环境破坏性大,威胁人民群众身体健康,对社会稳定、经济发展造成严重影响。

山东省作为经济大省,工业门类完整,化工、火电、造纸、钢铁等重污染行业企业众多。就化学工业而言,包括石化、医药、农药、煤化工、化纤、橡胶制品、染料、化肥等多个行业,且数量多、分布广、门类复杂。这些工业生产活动在为经济增长做出巨大贡献的同时,也令山东省发生突发环境事件的风险显著加大。如2009年山东省沂南县砷污染、2015年济南章丘危险废物倾倒、2015年桓台县润兴化工燃爆、2015年利津县滨源化学有限公司爆炸、2015年济南市齐鲁制药化工厂爆炸等突发环境事件,均造成了不同程度的人员伤亡和财产损失,社会影响较大。因此,如何有效应对突发环境事件,最大程度减少和降低环境破坏、人群伤亡和社会经济损失,已是摆在各级政府和生态环境部门面前的一项重要课题。

第一节　突发环境事件的含义及特征类型

一、突发环境事件的含义

根据《国家突发环境事件应急预案》(国办函〔2014〕119号)规定,突发环境事件是指由于污染物排放或自然灾害、生产安全事故等因素,导致污染物或放射性物质等有毒有害物质进入大气、水体、土壤等环境介质,突然造成或可能造成环境质量下降,危及公众身体健康和财产安全,或造成生态环境破坏,或造成重大社会影响,需要采取紧急措施予以应对的事件,主要包括大气污染、水体污染、土壤污染等突发性环境污染事件和辐射污染事件。核设施及有关核活动发生的核事故所造成的辐射污染事件、海上溢油事件、船舶污染事件的应对工作按照其他相关应急预案规定执行。重污染天气应对工作按照国务院《大气污染防治行动计划》等有关规定执行。

二、突发环境事件的主要特征

突发环境事件与一般环境污染相比具有以下四种特征。

第一,领域广泛,形式多样。

近年来发生的突发环境事件,涉及化工、石油、医药、矿产开发、交通运输和重金属等众多行业领域,由生产、储存、运输、使用过程的处置不当以及不可抗力等因素引起。

第二,发生突然,不可预料。

突发环境事件具有偶然性和瞬时性,没有固定的方式和地点,常常是瞬间排放大量污染物,污染物的种类、性质未知,有时难以判断。

第三,危害严重,影响广泛。

突发环境事件不仅严重影响一定区域内人群的正常生产和生活秩序,还会造成人员伤亡、财产损失以及生态环境的破坏,常常会引起社会公众的广泛关注。

第四,处置复杂,恢复期长。

由于涉及的污染因素较多,污染排放量大,因此突发环境事件发生后的监测、处置比一般环境污染更为复杂,生态环境恢复期更加漫长。

三、突发环境事件的主要类型

突发环境事件类型划分的方法较多,一般来讲,以下四种划分方式较为常见。

第一,按污染源性质,可划分为固定污染源污染事件和移动污染源污染事件。

第二,按污染物排放途径和排放方式,可划分为水污染事件、大气污染事件、土壤与固体废物污染事件、海洋污染事件、噪声与振动污染事件、放射性污染事件和生态破坏污染事件等。

第三,按事件发生原因,可划分为工业生产的安全事故、工业生产废物的非法排放、道路运输工具的破损、危险化学品仓储设施的破坏、废弃物场地及废弃工业设施的污染等。

第四,按严重程度,根据《国家突发环境事件应急预案》(国办函〔2014〕119号)规定,可划分为特别重大污染事件(Ⅰ级)、重大污染事件(Ⅱ级)、较大污染事件(Ⅲ级)和一般污染事件(Ⅳ级)四级(见表1-1)。

表 1-1 突发环境事件等级标准

判断标准	特别重大(Ⅰ级)	重大(Ⅱ级)	较大(Ⅲ级)	一般(Ⅳ级)
死亡人数	30 人以上	10 人以上 30 人以下	3 人以上 10 人以下	3 人以下
中毒(重伤)人数	100 人以上	50 人以上 100 人以下	10 人以上 50 人以下	10 人以下
需疏散、转移人员	5 万人以上	1 万人以上 5 万人以下	5000 人以上 1 万人以下	5000 人以下
直接经济损失	1 亿元以上	2000 万元以上 1 亿元以下	500 万元以上 2000 万元以下	500 万元以下
区域生态功能	区域生态功能丧失或国家重点保护物种灭绝	区域生态功能部分丧失或国家重点保护野生动植物种群大批死亡	国家重点保护的动植物物种受到破坏	造成跨县级行政区域纠纷,引起一般性群体影响的
水源地	设区的市级以上城市集中式饮用水水源地取水中断	县级城市集中式饮用水水源地取水中断	乡镇集中式饮用水水源地取水中断	—

续表

判断标准	特别重大（Ⅰ级）	重大（Ⅱ级）	较大（Ⅲ级）	一般（Ⅳ级）
放射性物质	Ⅰ、Ⅱ类放射源丢失、被盗、失控并造成大范围严重辐射污染后果的；放射性同位素和射线装置失控导致3人以上急性死亡的；放射性物质泄漏，造成大范围辐射污染后果的	Ⅰ、Ⅱ类放射源丢失、被盗；放射性同位素和射线装置失控导致3人以下急性死亡或者10人以上急性重度放射病、局部器官残疾的；放射性物质泄漏，造成较大范围辐射污染后果的	Ⅲ类放射源丢失、被盗的；放射性同位素和射线装置失控导致10人以下急性重度放射病、局部器官残疾的；放射性物质泄漏，造成小范围辐射污染后果的	Ⅳ、Ⅴ类放射源丢失、被盗的；放射性同位素和射线装置失控导致人员受到超过年剂量限值的照射的；放射性物质泄漏，造成厂区内或设施内局部辐射污染后果的；铀矿冶、伴生矿超标排放，造成环境辐射污染后果的
影响范围	重大跨国影响	跨省级行政区域影响	跨设区的市级行政区域影响	造成一定影响，尚未达到较大级别的
响应要求	启动Ⅰ级应急响应，由事发地省级人民政府负责应对	启动Ⅱ级应急响应，由事发地省级人民政府负责应对	启动Ⅲ级应急响应，由事发地设区的市级人民政府负责应对	启动Ⅳ级应急响应，由事发地县级人民政府负责应对

注："以上"含本数，"以下"不含本数。

第二节　突发环境事件的产生与现状

突发环境事件出现于19世纪工业革命之后，以英国为代表的西方国家燃煤量骤增，排放的烟尘与雾混合形成黄黑色烟雾，1873年伦敦市突发大雾导致死亡率比平时上升了40%。20世纪40～80年代，全球进入突发环境事件多发期，如1948年美国多诺拉烟雾事件、1976年意大利塞维索化学污染事故、1984年印度博帕尔毒气泄漏事故、1986年切尔诺贝利核泄漏事件、1986年剧毒物污染莱茵河事件等，导致人员伤亡、经济损失、生态破坏等严重后果，引起全球广泛关注。

中国正处于国民经济高速发展时期,但随着经济的发展,突发环境事件时有发生,并呈增长之势,引起社会高度关注。据公开报道,2005 年 11 月 13 日,中国石油吉林石化公司双苯厂发生爆炸,造成 6 人死亡、120 人受伤,约 100 吨苯类物质(苯、硝基苯等)流入松花江,哈尔滨市连续停水 5 天,影响沿岸上千万居民饮水安全并形成跨国重大环境事件。2012 年 1 月 15 日,广西龙江河镉泄漏量约 20 吨,污染河段约 300 千米,导致 237 户养殖户的 40 吨成鱼死亡,造成柳州市市民饮水恐慌。2015 年 8 月 12 日,天津市滨海新区天津港的瑞海公司危险品仓库发生火灾爆炸事故,造成 165 人遇难、8 人失踪、798 人受伤,直接经济损失 68.66 亿元,经国务院调查组认定为特别重大生产安全责任事故。2019 年 3 月 21 日,江苏省盐城市响水县陈家港镇化工园区内江苏天嘉宜化工有限公司化学储罐发生爆炸事故,共造成 78 人死亡、76 人重伤、640 人住院治疗,直接经济损失 19.86 亿元,造成周边 4000 米范围内的三排河、新丰河等水体和爆炸中心 300 米范围内的土壤受到污染。

根据 2005 年以来《中国环境状况公报》和《中国生态环境统计年报》,截至 2019 年,全国发生环境事件 4558 起,其中重大及以上环境事件 97 起。2005 年以来我国突发环境事件统计见表 1-2。

表 1-2　2005～2019 年全国突发环境事件统计

年份	特别重大环境事件(件)	重大环境事件(件)	较大环境事件(件)	一般环境事件(件)	合计(件)
2005	4	13	18	41	76
2006	3	15	35	108	161
2007	1	8	35	66	110
2008	—	12	31	92	135
2009	2	2	41	126	171
2010		5	41	109	155
2011		12	12	518	542
2012	—	5	5	532	542
2013	—	3	12	697	712
2014	—	3	16	452	471
2015	—	3	5	322	330

年份	特别重大环境事件(件)	重大环境事件(件)	较大环境事件(件)	一般环境事件(件)	合计(件)
2016	—	3	5	296	304
2017	—	1	6	295	302
2018	—	2	6	278	286
2019	—	—	3	258	261
合计	10	87	271	4190	4558

第三节 国内外突发环境事件应急管理现状

一、国内突发环境事件应急管理现状

我国突发环境事件应急管理工作始于 20 世纪 80 年代。2005 年松花江特大水污染事件发生后,国务院发布了《关于落实科学发展观加强环境保护的决定》(国发〔2005〕39 号),这是第一个由国务院正式提出的要建立完善的应对突发环境事故的应急监控和应急预警响应系统。2007 年,国家颁布实施了《中华人民共和国突发事件应对法》,明确突发事件应对的工作原则、管理体制和应对程序,填补了我国应对各类突发事件基本法的空白,标志着我国突发事件应急管理法律和应对水平取得了新的突破。

(一)组织机构和能力建设

1984 年 4 月,国家成立"海上污染损害应急措施方案调查组",开始了对海上突发污染事故的调研工作,是我国较早的专项应急机构。2002 年,国家环境保护总局建立了环境应急与事故调查中心,但一直是联合办公,没有单独工作。2006 年,成立了国家环境应急领导小组办公室承担具体事务工作后,全国环境应急管理工作才正式启动并全面展开。为加强应急管理工作,根据环境保护部要求,2008 年年底环境应急中心脱离环境监察局单独运转,环境保护部环境应急指挥领导小组办公室设置于环境应急与事故调查中心。2009 年 11 月,环境保护部出台了《关于加强环境应急管理工作的意见》(环发〔2009〕130 号),从环境应急管理的意义、指导思想、中国特色环境应急管理体系建设、环境应急全过程管理、环境应急基础保障工作五部分内容对如何加强环境应急管理工作进行部署。2010 年年底,国家环保部出台了《全国环保部门环境应急能力建设标准》

（环发〔2010〕146 号），旨在通过开展省、市、县三级达标创建工作，更进一步增强预防和应对突发环境事件的能力。各省生态环境厅根据国家有关要求，结合本地实际，相继成立了专职的环境应急管理机构，各级环境监测监察机构也都成立了应急监测监察队伍，建立了应急响应联动机制，为环境应急工作开展提供了组织保障。

（二）环境应急管理制度建设

1987 年，为了加强对化学危险品的安全管理，及时发现报告环境污染事故，国务院颁布了《化学危险物品安全管理条例》，国家环境保护局出台了《报告环境污染与破坏事故的暂行办法》。从 1988 年到 2004 年的 10 多年时间里，国家环保总局制定下发了如《关于加强化学危险品管理的通知》《关于切实加强重大环境污染、生态破坏事故和突发事件报告工作的通知》《关于进一步加强突发性环境污染事故应急监测工作的通知》等文件，编制了《海上污染损害应急措施方案》《南水北调工程水环境应急计划》《三峡库区及其配套的水环境应急计划》等 10 余项专门领域的环境应急计划。国务院《国家突发环境事件应急预案》于 2005 年颁布，是指导全国突发环境事件应急工作的规范性文件。2010 年环境保护部下发了《突发环境事件应急预案管理暂行办法》（环发〔2010〕113 号），就突发环境事件预案体系的建设和规范化管理提出了进一步的要求，特别对环境风险源企业突发环境事件应急预案的"编、评、备、练"进行了明确的规定。2011 年出台了《突发环境事件信息报告办法》，对各级环境保护主管部门的突发环境事件信息报告提出了规范性要求。2013 年，环境保护部针对全国不同地区出现的长时间、大范围、高浓度的重污染天气，出台了《关于加强重污染天气应急管理工作的指导意见》（环办〔2013〕106 号）。为规范突发环境事件应急处置阶段污染损害评估工作，及时确定事件级别，同年印发了《突发环境事件应急处置阶段污染损害评估工作程序规定》（环发〔2013〕85 号）。2014 年，为贯彻落实《突发事件应急预案管理办法》（国办发〔2013〕101 号），环境保护部编制了《企业突发环境事件风险评估指南（试行）》（环办〔2014〕34 号）。为规范和指导突发环境事件应急处置阶段环境损害评估工作，同年印发了《突发环境事件应急处置阶段环境损害评估推荐方法》（环办〔2014〕118 号）。2015 年，为规范突发环境事件调查处理工作，环境保护部印发了《突发环境事件调查处理办法》（部令第 32 号），制定了《突发环境事件应急管理办法》（部令第 34 号），明确了各级环境保护主管部门和企业事业单位在应对突发环境事件中的风险控制、应急准备、应急处置、事后恢复等工作要求。同年，环境保护部还下发了《企业事业单位突发环境事件应急预案备案管理办法（试行）》（环发〔2015〕4 号），指导和督促企业事业单位履行责任义务,制定和备案环境应急预案。全国环境应急管理制度体系初步形成。

（三）突发环境事件的预警和应急处置

我国从 20 世纪 90 年代中期开始对一般环境污染预警进行系统研究,初步建立了环境污染预警指标体系及模型。近年来迅速发展的事故致因理论、灾害预警理论、系统安全原理、科学计算技术、通信技术、遥感技术、统计理论、非线性动力学理论、宏观与小尺寸动态测量技术以及信息技术等,为重大环境污染事件与环境风险预警指标、模型和技术系统的建立奠定了基础。借助 3S（遥感、地理信息系统、全球定位系统）技术,针对突发性污染事件,如重大环境污染事件监测预警和应急管理系统的研究开始出现。但是,这些研究多侧重于突发性污染事件预警和应急管理的某一方面的问题,不能充分满足区域环境污染事件应急管理的要求。1996 年,《突发性环境污染事故应急监测与处理处置技术》出版,书中为做好紧急情况下事故现场监测和应对工作介绍了多种实用技巧。2003 年,国家环境保护执法系统统一颁发了《环境应急手册》,手册从应急的角度重点介绍了常见的 39 种物质的理化性质、物理危险等内容,便于环保部门应对有毒、有害化学品污染事故时查阅和参考。"十五"期间环境应急管理工作取得突出成绩,完成了"环境污染对人体健康损害及补偿机制研究""受污染场地风险评估与修复技术规范研究"等国家重点科研课题,为各地环境应急人员的应急处置工作提供了技术支持。近年来,为指导各级环保部门和相关部门做好突发环境事件应对的技术工作,国家环境保护主管部门先后组织编制了《突发环境事件应急响应实用手册》《集中式地表饮用水水源地环境应急管理工作指南（试行）》《企业突发环境事件隐患排查与治理工作指南（试行）》等一系列环境应急工作规范。2010 年,为规范突发环境事件应急监测工作,环境保护部出台了《突发环境事件应急监测技术规范》,并于 2021 年进行修订,为各环境监测部门开展环境应急监测工作提供有力技术保障。

（四）相关部门的环境应急管理

《突发事件应对法》第四条规定:"国家建立统一领导、综合协调、分类管理、分级负责、属地管理为主的应急管理体制。"近年来,消防、安全生产、核应急、民政、气象、卫生、交通以及环保等部门均结合各自的应急响应职责制定了多项标准及规范,不断建立完善应急管理体系。2018 年 3 月,我国设立应急管理部,负责指导各地区各部门应对突发事件工作,推动应急预案体系建设和预案演练,切实统筹和加强了各部门的应急管理工作。

1.安全生产管理部门

2006 年以来,国家安全生产监督管理总局(现职能归应急管理部)先后颁布或正在制定的行业标准及规范有 20 余项,涉及应急预案、应急演练、应急救援平台建设、应急救援队伍建设等方面。为加强危险化学品或化工园区的应急救援工作,天津市、江苏省、山东省先后颁布了地方标准。

2.公安消防部门

为指导公安消防部门规范开展自然灾害、生产安全及危险化学品事故救援,2012 年公安消防部门颁布实施了 5 项消防应急救援国家标准,明确了消防应急救援的对象,规范了消防应急救援建设及培训等。消防部门还制定了多项涉及化工装置火灾事故处置及危险化学品泄漏事故处置的行业标准。

3.气象部门

建立健全气象灾害应急响应机制,提高气象灾害防范、处置能力,2010 年出台了《国家气象灾害应急预案》,对沙尘暴、霾等重污染天气建立了与环保、公安等部门的信息共享和联动应对机制,并制定了《重大气象灾害应急响应启动等级》等一系列标准技术规范。此外,气象部门还定期发布"空气污染扩散条件"等环境气象预报,为及时预报预警重污染天气提供了技术支持。

(五)山东省突发应急管理

山东省高度重视突发环境事件应急工作,积极构建全省环境安全防控体系,强化突发环境事件应急管理,确保全省环境安全。2013 年,山东省人民政府制定了《山东省突发环境事件应急预案》,明确了各级部门在应对突发环境事件中的职责任务,2017 年和 2020 年又分别对预案进行了修订。原山东省环境保护厅(现为山东省生态环境厅)高度重视环境应急工作,2006 年组建了应急管理办公室,2010年正式成立环境安全应急管理处,加强对环境应急工作的管理。2006 年,制定了《山东省环境保护厅突发环境事件应急预案》,并于 2012 年、2017 年和 2020 年分别进行了修订。2020 年修订的《山东省突发环境事件应急预案》围绕预防、预警、应急三大环节,从风险评估、隐患排查、事故预警和应急处置四个方面,对突发环境事件的快速响应和应急处置作出了规定。2009 年以来,为有效预防和控制突发环境事件的发生,确保环境安全,山东省出台了《关于构建全省环境安全防控体系的实施意见》(鲁环发〔2009〕80 号),并陆续出台了《"快速溯源法"工作程序》(2011 年)、《关于进一步规范突发环境事件信息报告的意见》(2012 年)等,2017 年,为进一步指导基层环境监测部门做好现场监测和日常准备工作,山东省环境监测中心站立项编制了《突发环境事件应急监测技术指南》。全省环境安全防控体系初步构建,突发环境应急管理体系进一步完善。

二、国外突发环境事件应急管理现状

20世纪80年代,发达国家开始重视突发环境事件防范与应急工作,在事故应急原则方法、应急处置实施和组织管理方面进行研究,取得初步指导性成果。

（一）美国研究情况

美国对应急管理的研究与实践起步于第二次世界大战结束后,最初制定了一系列针对化学品类、石油类泄漏等典型污染事故的防范措施。"9·11"恐怖袭击事件后,政府专门成立了国土安全部,将应急管理纳入其日常管理中。2004年发布《国家突发事件管理系统》（National Incident Management System，NIMS）,建立了美国各级政府对突发事件应急的统一标准和规范。《突发事件应急指挥系统》（National Incident Command System）作为NIMS的重要组成部分,规定了应急的角色、组织结构、职责、程序、术语等。《国家应急准备指南》（National Preparedness Guidelines）将美国国家反应计划、突发事件管理体系、战略和系统整理归入美国应急准备体系中,针对所有的灾害提出了可检验的应急准备系统框架和基于能力的应急准备方法。其中,为应对油品泄漏及有害物质污染,美国制定了《国家石油和有害物质污染应急计划》（Oil and Hazardous Substances Pollution Contingency Plan，NCP）,明确了应对该类事故的响应组织结构和任务。

应急响应系统见图1-1。

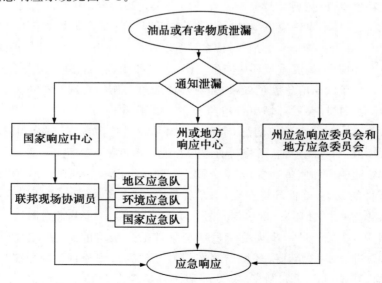

图 1-1　美国油品及有害物质泄漏应急响应系统示意图

系统自上而下逐级设有国家响应中心（National Response Center，NRC）、国家应急队（National Response Team，NRT）、地区应急队（Regional Response Teams，RRT）及由总统授权的现场应急协调员等机构。美国国家环境保护局（U.S.Environmental Protetion Agency，EPA）设有环境应急队（Environmental Response Team，ERT），全国分区设置四个环境应急小组办公室并24小时待命，为环境应急提供专家指导；设有专职应急人员，90％的时间用于熟悉应急程序和演练，提高处置与预测能力。美国国家环境保护局还在每个州设有几个具备规模的环境应急物资储备仓库，包含应急指挥车辆，空气、水质、固体废物、辐射等多方面快速检测仪器、应急防化装备等，并配备专人负责日常管理、维护。

此外，为更好地指导各级政府及相关机构开展应急响应，国土安全部及其下属的联邦应急管理局（Federal Emergency Management Agency，FEMA）制定了大量的应急救援标准，美国职业健康管理局、消防局、林业局、国防部、环保署等相关部门均制定有本部门的应急救援系列标准及标准工作程序。根据对目前收集的186项美国突发事件应急救援相关标准归类统计发现，美国突发事件应急救援的标准非常完备，覆盖了应急准备、应急响应、应急回复几个阶段，涉及风险评估、应急管理、应急设备建设、应急通信、应急医疗、应急救援技术和方法、应急救援符号及标志标识、应急救援人员专业资格认证等各个层面。此外，美国国家环境保护局等政府部门出台了大量手册、指南及宣传册，如国家响应小组制定并定期修订《有害物质应急计划指南》（Hazardous Materials Emer-gency Planning Guide），运输部发布《应急响应手册》（Emergency Response Guidebook）。2003年，美国国家环境保护局针对所有涉及饮用水污染应急的企业及机构发布了《响应计划工具箱》（Response Protocol Toolbox，RPTB），由六个相互关联的模块及一个综述组成，模块间相互关系见图1-2。2006年，为指导饮用水企业管理者及职工开展水污染应急工作，并依据《响应计划工具箱》完善本企业的应急计划，又印发了《水环境安全手册》（A Water Security Hand-book）。

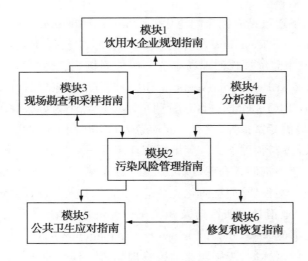

图 1-2　美国 RPTB 模块间相互关系示意图

（二）欧盟研究情况

　　长期以来，欧盟各成员国在应急协调的体系框架、组织机构、运作模式、救援力量、资源配置与优化方式以及应急培训演练等组织运作方面，逐步形成了一整套相对完备的管理机制。欧盟应急协调机制包括五大要素：一是应急协调反应系统，由应急协调反应中心（Emergency Response Coordination Centre，ERCC）具体负责，是协调机制运转的核心机构。二是公共危机与信息沟通系统（Common Emergency Communication and Information System，CECIS），确保机制内各方在第一时间获取准确信息。三是模块化应急队伍体系，其突出特点是标准化、模块化，不同成员国的队伍可以在救灾现场实现无缝对接，各成员国可以取长补短，最大限度发挥各国在救灾中的优势，极大地提高救援效率。四是应急培训系统，主要是向各成员国应急管理人员和救援专业人员提供标准化的培训课程，是保证队伍具备模块化作战能力的基础和关键环节。五是应急模拟演练，欧盟定期向参与协调机制的成员国和人员提供有关应对突发事件的决策指挥、现场处置、沟通协调等方面的桌面推演和实战演练，通过演练不断发现问题，改进工作流程，提升应急能力。

　　目前，欧盟制定了预防和控制工业风险的《塞维索指令》（Seveso Directive），自 1982 年颁布至 2003 年已修改三次。该指令对企业内部的生产环节、事故发生后的救助以及对企业周边环境的影响和居民的防护等各方面、各阶段提出了明确要求。此外，欧盟共建立有 17 个专业的模块化队伍体系，另有一个技术支持小组负责提供技术支持服务,并于 2014 年发布了《欧盟民事保护机制》(EU Civil Protection Mechanism,NO.1313/2013/EU)的配套细则文件 C-7489。该文件对 17 个专业模块的任务、救灾能力、主要组成、自我保障、部署调度等方面的要求作出了详细规定,成为确保各个专业模块队伍救援救助能力的关键支持。各成员国采用统一的救援术语,严格按照欧盟模块化队伍的建设标准来组建救援队伍,通过欧盟的审核认可和注册后,便可在欧盟应急协调机制的框架下第一时间通过"组装"的方式快速投入"战斗",取得最大的"战斗"效果。

(三)英国研究情况

英国很早就颁布了关于突发事件应急救援的法律法规,主要有《民事应急法》《重大事故危害控制条例》以及相关规范性文件,这些法律法规要求环保和消防及其他相关政府部门间建立全过程的应急联动机制。英国标准化协会(British Standards Institution,BSI)2008 年发布的标准《灾害与应急管理系统》(Disaster and Emergency Management Systems)对应急管理体系框架、政府在应急管理中的作用、应急设施、军队、风险评估、灾害及其管理的相关政策、灾害和应急计划、通信与信息、灾害应急处置与灾害应急恢复等方面进行了详细描述和规范。

为最大限度地减少灭火救援过程中的环境污染,1994 年英国消防与环保部门签署了谅解合作备忘录。20 多年来,双方形成了较为成熟的合作机制,主要体现在现场技术支持和后方技术咨询两个层面。英国环保部门为每个消防队的主战消防车配备了一套环保装备包;每个消防队都有一名专门从事危险化学品事故研究的危险品和环保技术官员,称为"HMEPO",他们专门研究危险化学品事故救援技术,为现场指挥员提供技术支持,并负责与环保部门进行联系。英国环保部门还出版了《消防与应急救援环保手册》,从应急预案编制、事故现场环境保护与应急管理等多个方面提出具体的建议,为承担灭火救援任务的消防员、管理人员以及培训人员提供了必要的技术支撑。

(四)意大利研究情况

2002 年,意大利成立国家应急指挥委员会,由意大利的海陆空三军代表、消防、警察、内政、交通、安全、环保、卫生等部门的最高长官组成,负责重大应急事件救援决策的协商。2004 年建立了应对突发公共事件决策指挥系统、应急救援信息共享系统、资源配置体系和联合办公机制等。2005 年,意大利政府以 238 号法令修订出台了《塞维索三号指令》(Seveso Ⅲ Directive),对国家安全管理机制和突发公共事件联络机制以及检查企业事故风险等方面内容作了详细规定。根据意大利法律规定,突发事故现场只有消防和医疗部门具有指挥权,警察、军队、环保等其他参与部门必须听从其指挥。意大利消防部门是开展应急现场处置的专门机构,具备应对各种突发事件的专业知识(尤其是环保专业知识)并配置了完备的专用设备。发生突发环境事件时,环保等部门不得在事态未控制前进入污染区域。环保部门主要任务是提供相关资料分析污染原因,参与跟踪事态发展工作,对事故造成的损失进行评估,提出消除污染的处置方案及修复改造计划。

意大利国家环境保护研究所作为意大利国家环境与国土部的技术支持单位,对全国高危行业进行了统计和分析,并根据企业分布情况划分了不同风险等级的区域,绘制了高危行业环境风险分布图,并规定企业至少每五年向主管部门提交安全报告,说明风险位置、危害程度、影响范围、预防事故及控制事故的措施、周围环境信息、工作人员培训、公众知情等情况,为环保部门管理企业提供了有力的技术支持。

每个高危工业企业均制定两个预案:一个是日常工作安全预案,另一个是突发事件应急预案。突发事件应急预案又分为内部预案和外部预案,内部预案由企业负责起草,经政府定期审核批准,在发生突发事件时由企业予以启动;地方行政公署负责起草企业外部应急预案,包括对企业周边环境的描述,对居民和环境的安全保障,发生突发事件时应采取的措施,对当地居民应对突发事件的培训等,由地方政府负责启动。

(五)澳大利亚研究情况

澳大利亚应急管理中心(Emergency Management Australia,EMA)为澳大利亚应急管理的最高机构,负责制定维护澳大利亚国家安全、加强国家应急管理能力的关键政策及方案;州和领地政府主要负责本辖区内的应急管理。2010年,应急管理中心出台了《澳大利亚应急手册系列》(Australian Emergency Manual Series)。手册建立了涵盖应急管理基本原则、应急管理方法、应急管理实施、应急救援技术操作以及应急救援培训五个方面共 46 个系列的工作指南和标准工作程序。其中包括澳大利亚应急管理制度、应急指挥、风险管理应用程序、应急通信、灾害损失评估、应急演练管理、地图阅读与导航等手册。

(六)韩国研究情况

韩国环境应急管理体系较为完善,该管理体系分为三个层级。国家和地方都建立应急管理组织机构,法律也明确赋予了各部门相应的权利和义务。韩国危机管理体系是一种根据灾害发生原因、各部门分别督理的分散性危机管理体系。环境事故应急由韩国环境部负责总管协调,韩国安全部和地方政府应急本部共同组成事故处理和调查机构参与突发环境事故处置工作。突发环境事件应急程序与我国类似,都实施事前预防、事中应对、事后恢复的全过程管理。

韩国环保部门在汉江、洛东江、锦江和荣山江四大江流域设立环境保护管理机构,其职责包括流域水环境应急处置。针对工业园区化学品环境污染事故和灾害事故频发问题,设置化学品事故应急中心。该中心由有毒物质控制中心(PCCs)和化学品紧急事故响应中心(CERCs)组成。有毒物质控制中心主要通过专业上的建议来提供远程帮助。而化学品紧急事故响应中心除了为环境污染物泄漏及扩散等紧急事故提供处理建议,还会委派专家于事故地点协助处置。

韩国政府针对石油、化学品、含重金属废物废水和废油等有毒有害物质造成的水环境污染专门制定了《大规模水质污染手册》,对如何迅速且有效地处置事故进行了具体指导。该手册适用于政府机关、机构针对水污染危机的管理和预防,以及公共水域大规模水污染事件发生时的应急指导。

第二章 环境应急监测

新形势下,建设完善的环境应急体系,及时应对和科学处置突发环境污染事件,最大限度地减少环境污染事故危害,已成为我国环境保护工作的当务之急。环境应急监测是环境应急的重要组成部分,是及时掌握事故污染性质、种类、程度和范围,分析和预测事态变化趋势及可能的危害的重要技术手段,可为快速处置环境污染事件提供科学依据和技术支撑,在突发环境事件应对与处置中具有重要作用。

2007 年 11 月 1 日实施的《中华人民共和国突发事件应对法》,在第二章第四十一条中明确规定:"国家建立健全突发事件监测制度。县级以上人民政府及其有关部门应当根据自然灾害、事故灾难和公共卫生事件的种类和特点,建立健全基础信息数据库,完善监测网络,划分监测区域,确定监测点,明确监测项目,提供必要的设备、设施,配备专职或者兼职人员,对可能发生的突发事件进行监测。"

环境应急监测属政府监测职能,是各级生态环境监测机构的一项重要职责。近年来,虽然我国环境应急监测工作有了长足的发展,在许多重大突发环境事件中发挥了重要作用,但由于起步较晚,应急监测技术水平和能力基础相对薄弱,还无法适应当前严峻的环境形势和公众越来越高的要求。因此,完善突发环境事件应急监测技术体系建设,加强应急监测方法研究,提升应急监测能力和水平,为处置突发环境事件及时准确地提供科学技术支撑,仍然是当前和今后一段时期环境监测面临的一项迫切任务。

第一节 环境应急监测的基本概念

突发环境事件后,为确保周围人群健康和环境安全,必须要尽快判断事件现场污染程度,准确回答是否安全。这就要求生态环境部门快速实施环境应急监测,及时、准确掌握污染物种类、浓度和污染程度与范围,提供突发环境事件现场污染信息,为综合判断现场情况、及时采取处置措施提供决策依据。环境应急监测是有效应对突发环境事件的重要基础内容和技术支撑,事关国家经济社会发展全局和人民群众生命财产安全,对于防范和应对突发性环境污染事故,在事前预防、事中监测、事后恢复的各个过程中均起着极其重要的作用。

环境应急监测属政府监测职能,是各级生态环境主管部门所属环境监测机构的一项重要职责任务。《生态环境监测网络建设方案》(国办发〔2015〕56 号)明确规定:"各级环境保护部门主要承担生态环境质量监测、重点污染源监督性监测、环境执法监测、环境应急监测与预报预警等职能。"

近年来,我国环境应急监测工作有了长足的发展,在"11·13"松花江苯污染、"5·12"汶川县地震、天津市"8·12"危化品大爆炸、响水县"3·21"化工园区爆炸等许多重大突发环境事件中发挥了重要作用。但由于环境应急监测工作起步较晚,面对频发的重大、复杂环境事件,应急监测人员素质、仪器设备、保障装备等基础相对薄弱,还无法适应当前严峻的环境形势和公众越来越高的要求。因此,各级生态环境部门应高度重视环境应急监测,持续加强应急监测队伍建设和能力建设,不断提升应急监测技术水平,为处置突发环境事件及时准确地提供科学技术支撑。

一、环境应急监测的含义

突发环境事件后,环境监测机构应快速响应,第一时间赶赴事故现场,根据现场情况进行布点采样,采用快速监测手段判断污染物的类型,给出定性的、半定量的和定量的监测分析结果,确认污染物种类、污染范围、污染程度,及时动态报告事故污染状况和变化趋势,为有效控制污染范围、缩短事故持续时间提供最有力的技术支撑。

根据《国家突发环境事件应急预案》中对突发环境事件应急监测工作的界定,环境应急监测是指根据突发环境事件的污染物种类、性质以及当地自然、社会环境状况等,明确相应的监测方案及监测方法,确定污染物扩散范围,明确监测布点和频次,调配监测设备、车辆,及时准确开展大气、水体、土壤等环境监测,为突发环境事件应急决策提供依据。

根据山东省突发环境应急管理和技术要求,省辖各级生态环境监测部门实施的环境应急监测,包括大气污染、水体污染、土壤污染等突发环境事件的应急监测,不适用于辐射污染事件,海洋污染事件,地质环境突发事件,涉及军事设施污染事件,生物、微生物污染事件等的应急监测。

二、环境应急监测的内容

环境应急监测工作涉及面广、程序较多,涵盖许多环境监测工作内容。归纳来讲,应急监测主要包括现场监测和日常准备两部分内容。

(一)现场监测

现场监测是应急监测工作的主体内容,主要包括应急监测响应、人员与装备集结、奔赴事故现场、开展现场调查、制定应急监测方案、实施现场采样测试、质量保证与数据处理、编制应急监测报告、跟踪监测、应急监测终止等环节。环境应急监测部门在接到应急监测任务指令后,立即启动应急监测预案,迅速完成人员、仪器、装备和车辆等的集结,迅速赶赴事故现场,在现场调查的基础上编制应急监测方案,确定应急监测项目、点位和频次,采用便携、手持、快速、直读等监测仪器和设备,在尽可能短的时间内对污染物种类、性质及潜在次生危害作出准确判断,快速报告事故发生地与周围环境质量的污染范围、污染程度和变化趋势,为决策部门科学处置污染事件提供及时、准确的科学依据。

(二)日常准备

日常准备是做好应急监测的重要保障,主要包括应急监测预案制定、应急监测演练开展、应急监测效果评估和应急监测人员、仪器、技术、物资、信息等方面储备。

应急监测预案是实施应急监测工作的作业指导书。预案中应确定应急监测机构、人员、职责和任务分工,明确应急监测工作流程、工作要求,确立技术支持系统和仪器装备保障体系,并不断进行修改完善。

应急监测演练是开展应急监测的前提和基础。应急监测部门应定期依据应急监测预案开展全过程和重点环节的专项演练,反复熟悉工作程序和仪器操作。

应急监测效果评估是提升应急监测工作水平的有效措施。每次应急监测演练和实战后,应急监测部门都应针对应急监测全过程逐一分析问题与不足,及时总结经验、教训。

应急监测储备是应急监测开展的重要保障。人员储备方面主要包括建立应急监测分队、加强人员培训等内容;仪器储备方面要配置专用应急监测仪器设备,加强日常维护管理;技术储备指建立应急监测技术方法,提高应急监测技术水平;物资储备主要包括交通、通信、供电、防护和野外生活保障等方面的物资购置和维护;信息储备应重点加强应急监测电子信息系统平台建设,整合辖区内危险源和重点危险品动态分布信息、各级应急监测队伍能力装备情况、应急监测专家情况等。

三、环境应急监测的原则

针对突发环境事件的特点,环境应急监测应坚持"快速响应、准确监测、全面客观、常备不懈"等基本工作原则。

(一)快速响应

突发环境事件危害严重,社会影响大,如果事故处置不及时,将可能导致污染的加重和扩散,造成更大的生态环境危害和生命财产损失,甚至会引起社会不安定事件发生。这就要求应急监测人员要在事故发生后第一时间赶赴现场,用最少的点位、最少的频次、最快的方法获取最具有代表性的数据,及时报告现场污染情况,为事故的快速、恰当处置提供科学技术支持。

(二)准确监测

突发环境事件事发突然、现场情况复杂,应急监测任务紧迫。初始阶段,要求能够准确进行定性监测,查明确定污染物种类;监测期间,要求科学布设监测点位、正确选用应急监测仪器和方法,以准确反映突发环境事件的污染范围、污染程度和变化趋势。

(三)全面客观

突发环境事件处置工作涉及面广、责任重大。应急监测不但要说清事发地点的污染情况,还要说清污染物在不同环境介质中的扩散和浓度变化情况,预警事故周围环境敏感点的环境风险。针对监测结果,要客观评价突发环境事件的污染状况,针对现场实际提出客观合理的处置建议,避免造成污染事故处置措施的不足或过当。

(四)常备不懈

应急监测责任大、任务重、要求高,要在短时间内完成好应急监测任务,就必须坚持"平战结合、常备不懈"。只有在日常扎实、充分地做好各项应急监测准备工作,强化演练与培训,加强技术与物资储备,一旦突发环境事件才能够做到"召之即来、来之能战、战之能胜"。

四、环境应急监测的作用

应急监测是突发环境事件处置的基础性工作,在事前预警、事中监测、事后恢复的全过程中起着重要作用。只有通过应急监测,才能准确掌握突发环境事件的污染状况和变化趋势,及时为各级政府和生态环境部门提供事件现场的动态数据信息,从而为有效控制污染范围、缩短事故持续时间提供最有力的技术支持。环境应急监测在环境应急中主要有以下几方面的作用。

(一)掌握事件污染基本情况

突发环境事件后,现场往往情况复杂、场面混乱甚至具有一定的危险性,能够在第一时间掌握事件基本情况是做好环境应急的重中之重。对突发环境事件做好现场应急监测,可快速掌握污染物类型、浓度和排放量,确定污染物的毒性、挥发性、残留性、降解速率等理化特征,分析是否产生复合型污染等。结合现场气象条件、地理地质条件和水文水利条件等,预测污染物在周边环境中的扩散范围、扩散速率和扩散趋势等,为掌握突发环境事件基本情况提供初步分析结果。

(二)提供应急处置技术依据

突发环境事件事发突然、不可预料、危害严重,难以在现场快速作出应急处置决策。通过应急监测提供的突发环境事件基本情况和初步分析结果,可以为环境应急指挥和决策提供必要信息,确保决策部门能够作出有效的应急决策和反应,尽可能将事件的危害降到最低程度。

(三)为实验室分析提供现场资料

由于现场的应急监测设备和手段有限,只能进行初步监测和分析,难以准确判断污染物种类和精确测定污染物浓度,所以还必须依靠实验室的精准分析。根据现场初步测试结果和获取的第一手信息资料,可以为实验室进一步的精确分析测试提供许多有用的信息,如污染物的基本特性、浓度范围、分析方法以及样品的点位分布、保存方法等。

(四)跟踪事态发展变化

突发环境事件后,随着时间的变化和事态的发展,污染影响区域和严重程度也会发生变化,与之相对应的应急处置措施也要不断修订调整。通过实时、连续的应急监测,可以严密跟踪污染事态发展,及时掌握污染变化情况,准确判断污染变化趋势,为修订调整应急对策提供技术信息。

(五)配合事故评估与处理

突发环境事件处置过程中,会有生态环境损害评估和事故责任认定等工作。环境应急监测部门一直在突发事件的现场进行监测和分析,对现场情况比较了解,对各类数据之间的关联和对整个突发事件的评估有较大发言权(如事故发生的原因、发展态势、应急措施,对环境的影响、危害等),对判断和鉴定污染事故的严重程度至关重要。同时,可以配合环境监察部门进行现场取证,提供现场监测数据结果,协助确定环境突发事件发生的原因、责任、危害等。

第二节　环境应急监测体系

应急监测是一项较为复杂的系统工作,必须要有总体规划,建立一套完整的应急监测体系。应急监测体系主要包括组织机构、工作程序、监测技术、仪器装备、演练培训等五个方面的子系统。建立健全应急监测组织机构、管理制度、技术规范,明确应急监测体系中各部门的工作职责、任务分工、工作程序、工作要求等,落实应急监测人员、设备、资金、技术、后勤等具体措施,定期开展应急监测演练与培训,才能形成运行有效的应急监测体系。

一、组织机构

加强组织机构建设是做好环境应急监测的重要前提。只有建立健全应急监测组织机构,成立一支作风优良、技术过硬、能打胜仗的应急监测队伍,才能在突发环境事件的紧急情况下,明确由谁负责决策指挥、有哪些人员需要参加应急监测工作、需要做好哪些工作,才能够提高应急响应速度和监测效率,圆满完成好应急监测任务。

（一）环境应急监测网络

建立健全环境应急监测网络,是组织做好区域环境应急监测工作的重要组织保障。为调动各方面突发性环境事件应急监测力量,充分发挥应急监测机构的协同联动作用,共同做好重大突发性环境事件应急监测工作,应组建区域性突发环境事件应急监测网络。省级突发环境事件应急监测网络是在省级生态环境主管部门的领导下,以省级应急监测机构为中心,由各有关环境监测中心应急监测机构组成的应急监测业务协作网。

省级应急监测机构牵头制定全省突发环境事件应急监测网络章程,明确网络成员的职责任务,既考虑纵向的管理和支持,又兼顾横向的联动协作,实现全省应急监测资源的合理配置。同时根据应急管理需要,与有关部门建立联合协调机制。

省、市、县三级生态环境主管部门所属的应急监测队伍是承担突发环境应急监测的主要力量。根据突发环境事件属地管理的原则,按照山东省突发环境事件应急预案响应要求,对于一般性突发环境事件,辖区内县级应急监测队伍为主承担,市级应急监测队伍根据需要给予技术支援;对于较大突发环境事件,市级队伍应为应急监测的主要骨干力量,县级队伍作为辅助配合力量;对于重大、特大环境突发事件,或跨省、市界的突发环境事件,省级应急监测队伍应负责组织或指导应急监测工作,组织有关应急监测队伍共同开展联合应急监测工作。

环境应急监测网络如图 2-1 所示。

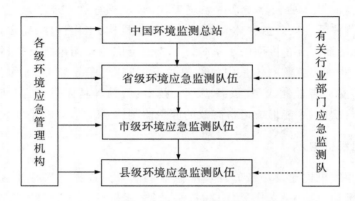

图 2-1　环境应急监测网络

（二）环境应急监测队伍

省、市、县三级环境监测机构都应建立应急监测队伍,并建立健全自身的组织保障体系。应急监测队伍的组织机构主要包括领导小组、综合协调组、现场调查组、现场监测组、质量保障组、后勤保障组等专业组,各专业组间应密切联系,分工协作,共同完成好应急监测任务。

环境应急监测队伍组织机构如图 2-2 所示。

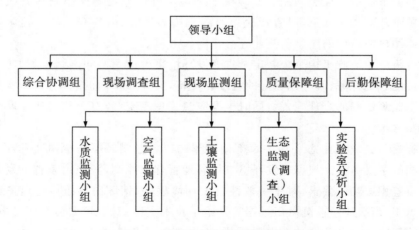

图 2-2　环境应急监测队伍组织机构

1.领导小组

领导小组主要负责统一指挥应急监测工作,在事故应急监测过程中下达任务指令和决策性意见,负责应急监测日常管理。领导小组可由组长、副组长和成员组成,组长由环境监测机构的主要负责人担任,副组长由机构分管应急监测工作的负责人担任,成员由机构的其他领导层人员担任,以保证其工作权威性和号召力,组织协调好各小组的应急监测工作。

领导小组主要职责:接到上级通知后,迅速启动应急监测工作程序;应急监测启动后,担任应急监测总指挥,组织完成上级下达的应急监测任务;负责应急监测方案和报告的审定;负责应急监测队伍的日常管理工作。

2.综合协调组

综合协调组主要负责与外部门的联络协调,负责应急监测数据汇总和报告编制上报工作,承担应急监测的日常管理工作。综合协调组成员应有较强的应急监测综合技术能力和现场组织协调能力。

综合协调组职责:负责部门应急监测的日常管理工作,制定和完善应急监测预案;应急监测期间负责制定并上报应急监测报告,通过应急监测信息系统平台查询、专家咨询和对外联系等手段,收集有关应急监测所必需的资料信息,传输和接收应急监测现场视频资料;应急监测结束后及时开展效果评估,提出应急监测工作改进建议。

3.现场调查组

现场调查组主要负责及时赶赴现场了解事故基本情况,编制应急监测方案并上报。现场调查组成员应熟悉水、气等主要类型的突发环境事件应急监测工作,能够快速、准确判别污染物种类,掌握现场整体污染状况。

现场调查组职责:接到应急监测指令后,第一时间赶赴污染事故现场;到达现场后,立即开展污染情况调查,初步判定污染物的种类、性质、危害程度及受影响的范围;制定初步应急监测实施方案,报领导小组批准实施;完成领导小组交办的其他工作。

4.现场监测组

现场监测组主要负责现场各环境要素的样品采集、现场测试、生态调查和实验室分析工作,可进一步细分为水质监测小组、空气监测小组、土壤监测小组、生态监测(调查)小组和实验室分析小组。各小组成员应是从环境监测机构中筛选出的各监测岗位的技术骨干,熟悉水、气、土和生态环境污染事件的应急监测,熟练掌握应急监测仪器操作和实验室分析。

现场监测组职责:应急监测程序启动后,负责现场水、气、土等污染物的采样、监测和生态监测调查工作，迅速分析样品，鉴定、识别、核实污染物的种类、性质、危害程度及受影响的范围，及时报出现场监测结果和生态监测调查结果；对短期内不能消除、降解的污染物进行跟踪监测和生态调查；负责应急监测仪器设备的使用、维护和准备工作，保证处于待命工作状态；负责储备特征污染物和常见污染物的快速监测方法，做到有备无患。

5.质量保障组

质量保障组主要负责应急监测质量管理和质量控制工作。质量保障组成员应熟悉质量保障和现场应急监测工作、便携式监测仪器的使用、快速分析方法等。

质量保障组职责：负责应急监测的质量保障工作；汇总、审核应急监测结果数据；及时向综合协调组提交应急监测数据。

6.后勤保障组

后勤保障组主要负责交通、电力、防护、通信等装备的组织协调保障工作。后勤保障组成员应熟悉应急监测工作程序和工作要求，明确岗位职责任务。

后勤保障组职责：承担应急监测仪器设备、防护设施、电力供应、通信照明器材、耗材、试剂等物资的配置和日常管理工作；应急监测期间的车辆保障，应急监测车辆的日常维护和保养工作；应急监测的宣传报道工作；应急监测现场秩序维护、现场救护工作。

二、工作程序

应急监测工作程序是指各级应急监测队伍从接到应急监测指令开始，到应急监测终止全过程的工作流程。

（一）应急监测启动

应急监测值班人员接到突发环境事件报警并简要了解现场污染情况，或接到上级环境应急管理部门下达的应急监测指令后，立即上报应急监测领导小组。应急监测领导小组立即启动应急监测预案，下达应急监测预先号令，收拢人员，集结待命。

（二）应急监测准备

在应急监测领导小组的指挥下，各专业组根据职责和分工，在最短的时间内做好出发前的准备工作。

根据现场情况需要，经上级环境应急管理部门批准后，通知其他环境应急监测部门协助做好应急监测工作。

（三）事故现场调查与队伍行进

现场调查组派员以最快的速度赶赴现场,根据已知事件的信息提出初步应急监测方案,并提出隔离警戒区域范围及应急处置建议。

应急监测队伍按指定路线和要求时限赶赴事故现场,并保持与上级环境应急管理部门和现场人员的联系。行进途中,可根据条件做好应急监测仪器设备的预热和调试工作。

（四）现场采样与监测

领导小组对应急监测初步方案进行审核,根据现场情况确认监测对象、监测点位、监测项目、监测频次等,向各监测组部署监测任务。当事故现场污染物不明或难以查清时,要在进行现场调查的同时,综合协调组通过技术系统查询尽快确定应急监测方案,必要时进行专家咨询。各专业监测调查组按应急监测方案和技术规范的要求对可能被污染的空气、水体、土壤以及生态等进行应急监测和全过程动态监控,随时掌握污染事故的变化情况,并立即将监测结果交质量保障组汇总审核。后勤保障组迅速完成电力系统、气象系统和照明设施的安装架设。

（五）应急监测报告

质量保障组对监测数据进行汇总审核后,立即交综合协调组编写应急监测报告。应急监测报告要对应急监测结果,污染事件发生地点、发生时间、污染范围、污染程度进行必要的分析评价和说明,并提出消除或减轻污染物危害的措施和建议。应急监测报告经三级审核后上报上级环境应急管理部门。

（六）跟踪监测

对环境污染事件发生后滞留在水体、土壤、作物等环境中短期内不易消除、降解的污染物,要进行必要的跟踪监测和生态监测调查。

（七）应急监测终止

接到上级环境应急管理部门下达的应急终止指令后,由领导小组宣布应急监测终止。现场应急监测终止后,由综合协调组评价所有的应急监测记录和相关信息,评价应急监测期间的监测行为,总结应急监测的经验教训,提出完善应急监测预案的建议。综合协调组协助上级环境应急管理部门对突发环境事件进行污染风险评价。

环境应急监测工作程序如图 2-3 所示。

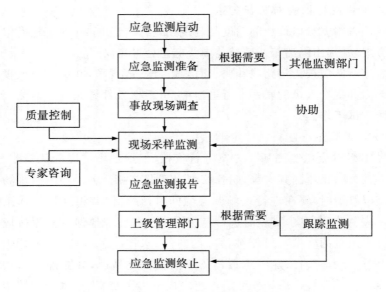

图 2-3　环境应急监测工作程序

三、监测技术

突发环境事件应急监测具有不可预见性、监测对象复杂、监测范围广、监测周期长、监测条件艰苦和快速、准确出具监测结果等一系列特点,决定了应急监测工作的复杂性,对应急监测技术提出了更高的要求。应急监测技术体系主要包括国家相应法律、法规、环境标准,应急监测相关技术规范、分析方法、评价标准,辖区危险源、危险品动态数据库,污染物扩散模型,专家咨询库等内容。

近 20 年来,随着各级政府和社会对突发环境事件的高度重视与广泛关注,我国环境应急监测技术得到了快速发展,应急监测技术体系不断丰富完善。一是逐步建立了应急监测技术路线。国家颁布了《突发环境事件应急监测技术规范》,为应急监测技术路线指明了方向,规范了应急监测现场技术要求和应急监测预案编制要求。二是应急监测分析方法体系逐步建立。2017 年以来,国家陆续颁布实施了《环境空气　氯气等有毒有害气体的应急监测　比长式检测管法》(HJ 871—2017)、《环境空气　氯气等有毒有害气体的应急监测　电化学传感器法》(HJ 872—2017)、《环境空气　挥发性有机物的测定　便携式傅里叶红外仪法》(HJ 919—2017)、《环境空气　无机有害气体的应急监测　便携式傅里叶红外仪法》(HJ 920—2017)、《COD 光度法快速测定仪技术要求及检测方法》

26

（HJ 924—2017）、《便携式溶解氧测定仪技术要求及检测方法》（HJ 925—2017）、《环境空气和废气 挥发性有机物组分 便携式傅里叶红外监测仪技术要求及检测方法》（HJ 1011—2018）、《硬质聚氨酯泡沫和组合聚醚中 CFC-12、HCFC-22、CFC-11 和 HCFC-141b 等消耗臭氧层物质的测定 便携式顶空/气相色谱—质谱法》（HJ 1058—2019）、《固定污染源烟气（二氧化硫和氮氧化物）便携式紫外吸收法测量仪器技术要求及检测方法》（HJ 1045—2019）、《固定污染源废气 气态污染物（SO_2、NO、NO_2、CO、CO_2）的测定 便携式傅里叶变换红外光谱法》（HJ 1240—2021）等应急监测分析方法。但目前来看,我国应急监测技术体系还难以满足应急监测工作需要,急需进一步丰富和完善,存在应急监测分析方法不足、特征污染物评价标准缺乏、应急监测质量管理规定尚未出台、信息技术支持系统建设滞后等突出问题。

四、仪器装备

（一）应急监测分析仪器

应急监测分析仪器是应急监测技术的应用载体,是开展现场应急监测的主要手段。应急监测仪器的种类、适用范围、技术参数等直观地反映了应急监测技术能力水平。应急监测仪器主要指检测管（试纸）和手持式、便携式、车载监测仪器设备,要求能快速鉴定、鉴别污染物的种类,并能给出定性或半定量直至定量的监测结果,直接读数、使用方便、易于携带,对样品的前处理要求低。

（二）应急监测装备

应急监测装备是开展现场应急监测的重要保障措施,主要有应急监测采样设备、试剂耗材、计算机及有关软件和数据库,应急监测人员和设备进入污染区域的安全防护装备,交通车船、通信联络、数据传输、电力、照明以及野外生活等后勤保障装备。应急监测仪器装备应建立清单或数据库,统一分类编目,并规范存放地点,明确专人负责保管维护,确保一旦突发环境事件可随时调用。应急监测仪器装备配置还应充分应用卫星遥感、无人机、无人船等新手段,解决应急监测人员无法进入污染核心区或难以进行采样测试的问题。

（三）应急监测现场指挥决策系统

突发环境事件应急监测现场指挥决策的主要任务是接受和传达上级指示,及时掌握和报告现场情况,根据上级指示和现场情况,确定应急监测方案,组织实施现场应急监测任务。应急监测现场指挥决策系统主要包括以下几个方面的内容。

1.基于 GIS 的技术信息支持系统

基于 GIS 建立应急监测信息技术支持系统,集成基础地理、资源、应急、环境、健康、灾害与社会经济等数据信息,为现场应急监测指挥提供事故定位、交通路线确定、污染物判别、监测技术选用、污染扩散分析、预测预警、环境与健康风险评估、方案报告生成等技术支持。

2.应急监测技术信息查询系统

建立应急监测相关技术信息数据库,及时查阅有关政策法规、环境标准、评价标准、危险化学品的应急监测分析方法和应急处置方法;建立辖区内应急监测仪器设备和物资储备信息库,遇到重大应急监测任务时能够快速调集有关应急监测物资;建立应急监测专家库,在实施应急监测过程中及时咨询专家意见。

3.现场数据信息传输系统

应用无线网络、卫星等先进通信方式,建立现场数据信息传输系统。具备无线通信联络、召开远程视频会议、传输现场视频图像文字等功能,及时下达应急监测指令,咨询应急监测专家意见,报告现场污染情况和监测结果,接受上级任务指示,确保应急监测现场与实验室、专家组和各级应急指挥中心的联络畅通。

五、演练培训

演练是做好应急监测工作的前提和基础,可以说,没有演练就没有应急,没有演练就做不好应急监测工作。演练是模拟突发环境事件,在紧急状态下按照实战要求实施应急监测的排练活动,是培训应急监测人员、检验应急监测装备、熟悉应急监测程序的重要举措。

应急监测演练的组织实施是一项非常复杂的工作任务,事先应建立应急监测演练组织机构,做好演练准备工作,包括研究确定演练主题、制定演练方案、勘察演练现场等任务。演练内容可针对应急监测的全部环节,如应急响应、人员装备集结、车辆拉动、方案制定、现场采样监测、实际样品分析操作、报告编制与上报等,也可针对其中一项或多项环节开展专项演练。

演练结束后,应及时进行总结点评,分析演练是否达到预期效果、应急监测准备是否完备、应急监测能力是否满足工作需要、应急监测预案是否需要完善等,以不断提高应急监测工作水平。

第三章 应急监测预案编制指南

由于突发环境事件事发突然、难以预料、现场情况复杂,如果不能未雨绸缪,做好应急监测前的各项准备工作,那么将难以在短时间内顺利组织完成应急监测任务。因此,为做到预防为主、有备无患,各应急监测部门应结合实际,编制突发环境事件应急监测预案,形成应急监测工作的规范性指导文件,明确应急监测的人员结构、职责任务、工作程序、仪器装备、技术支持等重点事项。一旦突发环境事件,按照应急监测预案要求,迅速采取有效措施,保障应急监测工作顺利组织实施,及时为应急处置部门提供决策依据。

第一节 应急监测预案的基本概念

一、应急预案体系

为健全突发环境事件应对工作机制,科学有序高效应对突发环境事件,保障人民群众生命财产安全和环境安全,促进社会全面、协调、可持续发展,2007年11月1日,我国颁布实施了《中华人民共和国突发事件应对法》,明确规定国家要建立应急预案体系。应急预案是根据有关法律法规的规定,针对突发事件的性质、特点和可能造成的社会危害,具体规定突发事件应急管理工作的组织指挥体系与职责,突发事件的预防与预警机制、处置程序、应急保障措施以及事后恢复与重建措施等内容。经过多年建设,我国已建立了较为完善的突发环境事件应急预案体系。

从行政管理层级来看,突发环境事件应急预案体系由五个方面构成。

(一)国家总体应急预案

2006年1月8日,《国家突发公共事件总体应急预案》发布实施。《国家突发公共事件总体应急预案》是全国应急预案体系的总纲,明确了各类突发公共事件分级分类和预案框架体系,规定了国务院应对特别重大突发公共事件的组织体系、工作机制等内容,是指导预防和处置各类突发公共事件的规范性文件。

（二）国家专项应急预案

目前,我国制定了《国家突发环境事件应急预案》《国家地震应急预案》《国家核应急预案》《国家气象灾害应急预案》等 21 项国家专项应急预案。其中,《国家突发环境事件应急预案》是我国较早的一项国家专项应急预案,于 2005年经国务院批准实施,2014 年 12 月进行了修订。

（三）部门应急预案

目前,国务院有关部门共制定了《重大沙尘暴灾害应急预案》《重大气象灾害预警应急预案》《农业环境污染突发事件应急预案》《危险化学品事故灾难应急预案》等部门应急预案 60 余项。

（四）地方应急预案

在省级人民政府的领导下,按照分类管理、分级负责的原则,由地方人民政府及其有关部门分别制定地方应急预案,比如《突发环境事件应急预案》《城市大气重污染应急预案》等。

（五）企事业单位应急预案

企事业单位根据有关法律法规的规定,结合自身实际制定应急预案。近年来,生态环境部为加强对企事业单位环境应急预案编制工作的管理和指导,先后出台了《企业事业单位突发环境事件应急预案备案管理办法（试行）》《石油化工企业环境应急预案编制指南》《尾矿库环境应急预案编制指南》等管理办法和技术规范。

二、应急监测预案的概念、作用及分类

（一）应急监测预案的概念

突发环境事件应急监测预案是环境应急预案中的一项专项预案,是环境应急预案体系的重要组成部分。应急监测预案是针对可能的突发环境事件,为保证快速、高效、有序地开展应急监测,及时为应急处置提供决策依据,降低环境污染事故损失而预先制定的应急监测计划或方案。编制应急监测预案的目的是适应突发环境事件应急处置的需要,有效预防、及时控制和消除污染和生态破坏事故的危害,维护社会稳定,保障公众生命和国家、公民的财产安全,保护环境。

（二）应急监测预案的作用

应急监测预案是为了适应突发环境事件应急处理处置需要,结合辖区应急管理需要和应急监测部门实际制定的应急监测工作规范性文件,对突发环境事件应急监测起着重要的指导作用,是确保顺利实施应急监测任务的重要保证。其主要作用表现在以下两个方面。

1.应急期间指导应急监测按计划有序进行

完善的应急监测预案能有力地增强地方生态环境监测部门应对突发环境事件的能力,当污染事故发生时,立即启动应急监测预案,指导应急监测工作按计划有序进行。按照应急监测预案既定的响应程序和工作要求,可以迅速集结应急监测人员、仪器设备和监测车辆等在最短时间内赶赴现场,快速有效地选用应急监测方法,及时查询技术支持系统,从而能够监测污染物种类、浓度、污染范围、变化趋势,判断污染物理化特性、毒性以及可能的危害程度,为及时正确处理处置污染事故和制定环境恢复措施提供科学依据,最大限度地防止因行动组织不力或现场情况不确定造成应急监测工作延误,导致应急救援处置耽搁,从而减少突发环境事件带来的人员和财产损失。

2.日常期间做好人员、物资、技术储备

"养兵千日,用兵一时。"要做好应急监测工作,必须要平战结合、常备不懈,强化应急监测的日常准备工作。应急监测预案是应急监测的纲领性文件,为应急监测日常准备提供了规范性依据,保证各种监测资源处于良好备战状态。制定完善的应急监测预案,按照预案确定的事项要求,加强日常演练和培训,确保每一位应急监测人员都能熟悉应急监测预案,明确自身任务分工,熟悉应急响应程序和工作要求,熟练掌握应急监测分析技术和仪器设备操作;应急监测部门则应按照应急监测预案要求,加强车辆、仪器、通信设备以及安全防护、后勤保障等应急监测物资的日常储备和规范管理,确保一旦突发环境事件,能够"召之即来,来之能战,战之必胜"。

（三）应急监测预案的分类

通常区域内会存在多种潜在突发环境事件类型,如大气、水体、土壤等综合或单一要素的污染事件,固定污染源或移动污染源,已知或未知污染物等情形。因此,在编制应急监测预案时必须进行合理策划、统筹兼顾,既要有综合应急监测预案来总体安排部署应急监测工作,还要有针对易发环境事件或重点危险源的专项应急监测预案,形成一套符合地方应急实际的应急监测预案体系。

1.综合应急监测预案

综合应急监测预案是应急监测部门的一个整体框架预案,从总体上阐述应急监测的指导思想、工作原则、组织机构、职责任务、响应程序等主要工作思路与要求。综合应急监测预案可以系统全面反映本部门应急监测体系中的人员队伍、任务分工、制度文件、技术规定、仪器配置、后勤保障等内容要求,是本部门应急监测工作的基础和纲领性文件。综合应急监测预案具有较为强的适用性,既能针对一般性的突发环境事件,又能对难以预料、较为复杂的突发环境事件的应急监测起到指导作用。目前,各级生态环境监测部门制定的应急监测预案大多以综合应急监测预案为主。

2.专项应急监测预案

专项预案是针对某种具体的、特定类型的突发环境情况,例如危险物质泄漏、爆炸,发生某一自然灾害等而制定的应急监测预案。专项预案在综合预案的基础上,充分考虑了某特定环境事件的特点,对应急监测的人员队伍、仪器设备、监测技术等进行更具体的阐述,具有较强的针对性。尽管目前各级生态环境监测部门制定的专项应急预案较少,但随着环境应急监测工作的不断发展,涵盖多种类型的专项应急监测预案体系将逐步得到完善。

(1)不同污染类型的专项预案

应针对大气、水体、土壤等应急监测对象制定专项预案,形成相对独立的应急监测队伍、仪器设备管理、监测技术储备、后勤保障装备等专项模块。一旦突发环境事件,可根据污染类型,选择抽调相应的人员、仪器、装备等专项模块,组成应急监测分队赶赴事件现场实施应急监测。

(2)重点危险源的专项预案

针对辖区内重点危险源,着重分析其危险化学品的生产、储存、运输、使用情况,并结合污染事故的历史发生情况或易发环节,制定重点危险源的专项预案,形成应急监测初步方案。此类预案的关注重点主要包括:根据重点危险源及其危险品情况,分析预测易发污染事故的生产工艺环节,可能突发环境事件的方式类型和污染物的种类、性质、数量等,筛选判定应急监测项目、应急监测仪器和应急监测方法;根据危险源所在的地理位置、附近环境敏感点以及周围地形地貌和水文、气象等情况,研判突发环境事件后污染物在大气、水体、土壤中的扩散情况,确定应急监测点位和应急监测频次等。

(3)针对重大活动、疫情和灾害等的专项预案

为保障城市举办重大活动期间的环境安全,往往需要针对活动的特点、场所等,分析判断可能会发生的突发环境事件类型、污染物种类等,专门制定相关

应急监测预案。疫情和灾害的应急监测预案,则是为应对一些重大流行疫情或重大自然灾害带来的环境污染问题,保障环境应急监测工作的顺利实施而制定的。如之前我国各地防治"非典""禽流感"疫情期间的应急监测,全国支援汶川"5·12"抗震救灾期间的环境应急监测等。

(四)应急监测预案涵盖的要素

突发性环境事件应急监测的完整过程包括应急监测日常准备过程和应急监测现场实施过程。

应急监测备战状态是在辨识和评估潜在的重大危险、事故类型、发生可能性、发生过程、事故后果及影响严重程度的基础上,对应急监测的职责、人员、监测技术、装备、设施及指挥与协调等方面预先作出的具体计划和储备安排。

应急监测实战状态包括接警启动、现场监测、监测终止三个环节。其中现场监测是三个环节中最为重要的一环,要求在最短的时间内赶赴现场,通过快速有效的监测分析,准确判定污染物的种类、浓度、污染范围和可能的危害程度,为及时、正确处理处置污染事件和制定环境恢复措施提供科学依据。同样,接警启动和监测终止也是应急监测的重要内容,是应急监测预案中不可缺少的重要环节。接警启动应明确相应的工作程序和工作任务,监测终止应明确应急监测终止的条件。

因此,一个完整的应急监测预案必须包含以下重点要素。

(1)总体要求:制定预案的目的、任务;制定预案的指导思想、适用范围。

(2)日常准备:应急监测组织机构和职责;应急监测资源及监测能力;应急监测人员的培训和演练;应急监测制度;应急监测技术支持。

(3)现场实施:应急监测接警启动程序;事件现场调查;应急监测方案制定;现场监测分析;质量保证;数据处理;提供监测报告等。

(4)应急监测终止:终止条件;终止程序。

第二节 应急监测预案的编制

一、应急监测预案的编制要求

制定应急监测预案是为了突发环境事件时,应急监测人员能够在预案的指导下,以最快的速度发挥最大的效能,及时、准确地出具监测数据,为迅速制定科学合理的处理处置措施提供依据。应急监测预案要经得住实战的考验,它既要有原则性的指导意见,又要有对环境污染事故应急监测的目标与详细要求;

既要有协调全局的准确性,又要有一定的科学性。应急监测预案的基本要求如下所列。

（一）科学性

应急监测工作是一项科学性很强的工作,它既要求科学的组织机构,又要求科学的监测手段和方法,所以制定应急监测预案也必须以科学的态度,在全面调查研究的基础上,开展科学分析和论证,制定出严密、统一、完整的应急监测预案,使预案真正具有科学性。

（二）实用性

应急监测预案必须符合当地的客观情况和事故应急监测的实际需要,具有针对性和可操作性。

（三）协调性

应急监测工作是一种紧急状态下的应急工作,所制定的应急监测预案应明确监测工作的管理体系和应急监测的组织机构及职责,确保环境事件发生后应急监测工作快速、协调、有序地进行。

（四）完整性

应急监测预案是一个完整的体系,编制应急监测预案时要周全地考虑各方面的因素,既要做到内容完整,又要做到格式简洁明了。

（五）权威性

应急监测预案应经上级部门批准后才能实施,保证预案具有一定的权威性和法律保障。

二、应急监测预案的编制过程

（一）应急监测预案编制的准备工作

1.统一对预案重要性的思想认识

突发环境事件应急监测工作是一项紧急状态下的应急性工作,所制定的应急监测预案应明确应急监测工作的管理体系、应急监测行动的指挥权限和各级应急监测组织的职责、任务等一系列的行政性管理规定,保证应急监测工作的统一指挥。一个没有权威性的应急监测预案只是一份空头文件,当突发环境事件发生时,不能起到应有的指导和协调作用。因而,制定应急监测预案要求应急监测部门统一认识。

2.成立预案编制工作小组

应急监测预案的编制是一项涉及面广、专业性强且非常复杂和烦琐的系统性工作,所以要求应急监测预案编制小组的成员由各领域的专家或学者组成,负责相关熟悉领域的内容编制工作。简单地说,应急监测预案编制小组的职责在于编制预案,但从更深层次而言,应急监测预案编制小组的职责是:

(1)辨识和预测可能出现的事故类型和污染物种类、数量等。

(2)制定日常准备工作程序,确保事发时监测仪器设备及通信工具和车辆的正常使用,从而保证应急决策和应急监测反应过程有条不紊。

(3)制定应急状态下相应的应急监测响应行动计划。

(4)确保应急监测人员进行培训和应急监测演练,定期更新应急预案并评价其有效性。

(二)应急监测预案的编制步骤

应急监测预案的编制是一个较为复杂的过程。首先,应收集相关的资料,包括适用的法律法规和标准,以及相关管理部门的应急预案和应急监测预案,掌握预案编制的主要依据和编制要求。其次,掌握本地区危险源和重点污染物情况,对本地区污染源进行筛选,识别潜在的危险源,并对其生产的工艺流程、原辅材料、产品情况等进行归类总结,进一步筛选出易发环境事件的类型、行业、风险单元和重点污染物,建立本地区危险源数据库。最后,综合本地区危险源、重点污染物,依据有关标准和技术规范,建立应急监测分析方法,确定应急监测仪器设备,建立应急监测保障的物资装备清单,配备应急监测技术人员;结合本单位应急监测工作实际,建立应急监测组织机构、通信联络方式、应急监测制度、应急监测技术支持系统等。

具体来讲,应急监测预案的编制主要包含以下几个步骤。

1.潜在危险源识别与风险评估

(1)潜在危险源识别

潜在危险源识别是编制应急监测预案的关键。只有全面掌握了辖区内危险源的分布情况,才能有的放矢地制定科学、合理的应急监测预案。

潜在危险源是指可能突发环境事件而导致环境污染、生态破坏、人员与财产损失的根源。潜在危险源在没有触发之前是潜在的,常常不被人们认识和重视,因此需要通过一定的方法进行辨识。

在分析识别潜在危险源时,应遵循科学性、系统性、全面性和预测性的原则,全面地分析识别易发环境事件的潜在危险源。其中,固定危险源的环境风险识别对象包括:企业基本信息;周边环境风险受体;涉及环境风险物质和数量;生产工艺;安全生产管理;环境风险单元及现有环境风险防控与应急措施;现有应急资源等。

除固定危险源外,还应对交通运输、危险废弃物处置等可能造成环境事件的动态因素进行识别。

（2）环境事件风险评估

在掌握辖区内危险源的基础上，对全部危险源登记列表、综合归纳，从可能发生环境事件的类别、地点、污染因子、影响范围、事件等级、应急监测措施等方面进行综合分析评估，研究划定突发环境事件风险等级。根据风险等级的高低，确定该潜在危险源是否须纳入应急监测预案范畴。

目前，根据原环境保护部《企业突发环境事件风险评估指南（试行）》（环办〔2014〕4号）要求，各企业结合生产实际制定了本企业的突发环境事件风险评估报告。环境应急监测部门在进行潜在固定危险源识别与风险评估时可以参考企业现有的评估报告。

2. 应急监测资源和能力评价

应急监测资源包括应急监测人员、设备、装置和物资，应急监测能力包括应急监测人员的技术、经验和接受的培训。制定预案时应评价与潜在危险源相匹配的应急监测资源和能力，从而选择最现实、最有效的应急方案，并制定相应的应急监测预案。

（1）应急监测资源评价

应急监测资源可分为应急监测人员和应急监测设备两部分。评价应急监测人员力量时，应考虑的问题是应急监测人员的结构数量、作风素质和专业技术，紧急情况下集结到位的及时性以及面对重大紧急事件的承受能力和应变能力。经充分评估后，确定应急监测队伍成员名单。

应急监测设备包括应急监测所需要的监测仪器设备、应急监测人员的防护设备以及紧急情况下车辆、通信等后勤保障设备。在对区域内潜在危险源进行识别、评估后，应依据突发环境事件发生的可能性和危险性，结合监测能力实际，制定应急监测仪器设备清单，明确设备保管人，规定日常维护要求。

（2）应急监测能力评价

应急监测能力指保证数据准确、有效的能力，具体包括应急监测人员的应急响应能力、现场快速布点采样能力、现场分析测试能力、监测数据处理能力、监测结果报告编制报送能力等。应急监测能力的高低直接影响应急监测行动的快速性和有效性，其重要性不可忽视。

3. 应急监测预案类型选定

应急监测预案通常可以分为综合性预案和专项预案，其适用范围、应急措施各有侧重、有所差异。一般来讲，应急监测部门应首先制定完善综合性预案，该预案能够适用辖区内多数环境事件类型的应急监测任务。其次在综合性预案的基础上和框架内,根据辖区内突发环境事件风险实际,研究制定不同类型的专项应急监测预案。

4.应急监测的职责确定

应急监测预案的一项重要内容是说明谁负责什么。因此在编写预案前,必须建立一个应急监测组织机构,根据需要确定应急监测组织有哪些专业小组,明确机构和各专业小组的职责任务,绘制组织机构图。选派熟练掌握应急监测技术和监测方法的业务骨干作为各专业小组的成员,根据应急监测技术、业务能力和工作素质,明确小组成员的工作岗位和任务分工,并收集移动联系方式。

5.应急监测行动确定

确定应急监测行动就是确定在环境污染事故前、事中及事后监测人员究竟应该如何开展应急监测工作。结合应急监测工作实际经验,确定从接警到响应,再到集结出发、途中行进,以及现场调查、方案制定、布点采样、现场分析、质量控制、数据处理与汇总分析、报告编制与报送等一系列应急监测工作程序、行动要求,绘制应急监测工作流程图。

6.做好与有关部门预案的衔接

在突发环境事件中,应急监测是整体应急工作的一部分,必须要接受上级应急指挥部门的统一领导指挥,及时上报应急监测结果报告。遇到重大应急监测任务时,往往还要组织应急监测网络的成员单位协作联动,共同开展应急监测工作。因此,环境应急监测预案应做好与各有关部门预案的相互衔接,重点是在接警响应、综合协调、联络通信、数据报送等环节做好工作对接。

7.应急监测预案的编制

各级环境应急监测预案,应结合本部门实际,按照《突发环境事件应急监测技术规范》(HJ 589—2021)中有关应急监测预案的编制提纲要求进行编制。为保证文本内容和格式的统一,应尽可能按照上级应急监测部门的预案格式进行编制,形式应做到简明、完整、条理清晰。应急监测预案编制后,应及时总结日常应急监测工作和演练的经验教训,不断修改完善应急监测预案。

第四章　应急监测的接警、启动与现场调查

一旦突发环境事件，环境应急监测部门应立即启动应急监测预案，迅速实施现场应急监测，及时向环境应急指挥部门报告污染程度、污染范围和变化趋势，为突发环境事件的处置提供科学依据。应急监测实施是应急监测工作的核心内容，一切应急监测准备工作都是为了保证一旦突发环境事件，能够顺利实施完成现场应急监测任务。应急监测实施主要包括应急监测的接警与启动、现场调查、方案制定、现场采样监测、质量保证与数据处理、监测报告出具、应急监测终止等工作环节。

本章节重点介绍了应急监测的接警、启动与现场调查等前期环节。

第一节　应急监测的接警

当环境应急监测部门接到上级下达的应急监测指令或突发环境事件的报警后，应立即启动应急监测预案。由应急监测领导小组按照上级要求，立即部署应急监测任务，做好各项应急监测的准备工作。

突发环境事件事发突然、情况复杂，难以预料会何时发生，也难以有针对性地携带监测仪器、防护装备、后勤保障物资等应急监测装备赶赴现场。因此，接警就是应急监测工作启动实施的依据，是应急监测的一个重要工作环节，对于初步了解突发环境事件性质、污染物种类、数量和污染程度等信息，有针对性地做好相关应急监测准备，保障应急监测工作顺利实施具有重要意义。

一、应急监测接警的方式

通常情况下，应急监测接警有两种方式：一种是由上级应急管理部门直接下达任务指令，另一种是由应急监测值班人员接到突发环境事件的报警。

（一）上级下达应急监测指令

突发环境事件后,应急监测部门往往并不是第一时间接到报警的部门,而是由上级环境应急管理部门向应急监测部门领导或应急监测值班人员下达应急监测任务指令,要求立即组织开展实施应急监测任务。根据上级下达的应急监测指令和有关突发环境事件的基本信息,应急监测部门立即启动应急监测预案。

（二）接到突发环境事件报警

应急监测部门接警的另一种方式,则是应急监测值班人员直接接到单位和个人的关于突发环境事件的报警。应急监测值班人员接到报警后,应立即按照应急监测值班制度要求,对突发环境事件情况进行初步了解,并第一时间向值班领导和上级环境应急管理部门报告。根据环境应急管理部门下达的实施应急监测任务的指令,应急监测部门立即启动应急监测预案。

二、应急监测接警的任务

应急监测接警的主要任务包括三个方面。

（一）了解突发环境事件的基本信息

接警时应详细了解和记录事件的发生时间、地点等基本情况,判定事件性质(如爆炸、泄漏、超标排放、非法倾倒等)、污染物种类和性质、危险特点等;涉及企业突发环境事件的,应调取事发企业的环境应急预案。初步判断突发环境事件的类型、等级和主要应急监测指标,为做好应急监测人员、仪器设备、后勤保障装备和应急车辆等的各项准备工作提供第一手的基础信息资料。

（二）接受应急监测任务指令

按照上级环境应急管理部门的指令要求,根据突发环境事件有关信息,立即启动实施应急监测预案,组织实施应急监测任务,集结应急监测队伍和应急监测装备,各应急监测小组立即进入"战时"状态。根据上级指令要求或应急监测任务需要,还应组织当地应急监测部门就近开展应急监测工作。

（三）上报突发环境事件警情

第一时间将了解到的突发环境事件有关信息向值班领导和上级环境应急管理部门报告,并根据初步判断的突发环境事件等级提出应急监测响应等级建议。同时启动应急监测预案,做好赶赴事件现场实施应急监测的各项准备工作。

三、应急监测接警的记录

应急值班人员在接警时,应初步了解突发环境事件的基本信息,如事件发生的时间、地点、性质,污染物的种类、性质、数量、危险特点等,并填写突发环境事件应急监测任务单,报告应急监测值班领导。突发环境事件应急监测任务单格式详见表 4-1。

表 4-1 突发环境事件应急监测任务单

任务下达时间		任务来源	□上级主管部门指令,下达人:_____ □其他:_____
事发地点		事发时间	
事件性质	□ 爆炸　　　　□ 泄漏 □ 超标排放　　□ 非法倾倒 □ 其他_____	污染源及污染物情况	□已知:_____ _____ □已知污染源为_____ 但未知污染源,需进一步调查污染来源 □已知污染源为_____ 但未知污染物,需通过现场调查确定 □未知,需要根据现场周围地理环境和危险源分布情况进行排查、监测
污染程度及范围			
应急监测任务要求		外部应急监测协同	□有_____ □无
响应建议	□ 全体应急监测分队　　　□ 气专项监测组　　　□ 水专项监测组　　　□ 土壤专项监测组		
任务上报	上报部门:_____ 上报时间:_____	现场联系人	姓名:_____ 电话:_____
记录人		记录时间	

四、应急监测接警的程序

应急监测接警工作程序如图 4-1 所示。

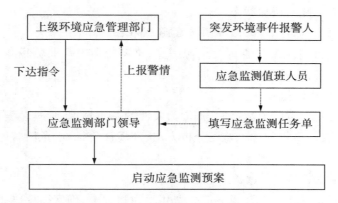

图 4-1　应急监测接警工作程序

第二节　应急监测的启动

突发环境事件的特点决定了应急监测任务实施必须要快速、高效,尽可能在最短时间内完成各项应急监测准备工作,第一时间赶赴事件现场,组织开展现场应急监测工作。应急监测启动就是利用宝贵的每一分钟,根据应急监测任务类型,迅速完成应急监测人员和装备的集结准备,奔赴突发环境事件应急监测现场。因此,做好应急监测启动工作,是应急监测任务快速、高效和顺利实施的关键环节,必须要受到高度重视。

一、应急监测启动的主要内容

环境应急监测部门接到上级下达的应急监测任务指令后,立即按照本部门应急监测工作制度,启动应急监测预案,部署应急监测任务,协调指挥应急监测各相关小组开展准备工作。应急监测的启动主要包括以下方面的内容。

(一)快速下达任务,迅速集结应急监测人员

环境应急监测部门领导应根据突发环境事件类型和现场实际,综合判断本次应急监测任务所需要的应急监测人员情况。如果突发环境事件是包括水质、大气、土壤等的综合性污染事件,则应立即向各专项应急监测小组组长下达任务指令,由应急监测小组组长根据初步掌握的主要污染物情况,通知相关应急监测人员,要求在最短的时间内完成人员集结。如果突发环境事件为单一的水质或大气等的污染事件,则应要求相关专项应急监测小组进行集结,其他应急

监测小组应处于随时待命状态。

(二)针对污染类型,做好各项应急监测准备

应急监测准备主要是查询污染源信息、准备应急监测仪器设备、做好应急监测后勤保障等。

1.查询污染源信息

通过已建立的危险源数据库,查询污染源的基本情况、地理位置、周围环境敏感点等,主要污染物的应急监测分析方法、环境评价标准、危险特性和处置方法等。

2.准备应急监测仪器设备

根据初步掌握的突发环境事件类型和污染物种类,确定需要携带的应急监测分析仪器设备、相关采样器材、原始记录等。

3.准备后勤保障装备

根据突发环境事件现场情况和应急监测工作需要,准备应急监测车辆、通信联络物资、安全防护保障装备。

(三)派出现场调查组,先行赶赴事件现场开展调查

在各专项应急监测小组开展准备工作的同时,派出现场调查组,作为先遣人员,赶赴事件现场进行调查工作。提前到达事件现场,详细了解污染事件的具体情况,进一步判别确定污染物种类、数量和污染程度,初步拟定应急监测方案,为应急监测队伍到达事件现场后能够快速进入工作状态、迅速实施应急监测打下基础。

(四)根据事件级别,联系相关应急监测部门支援

环境应急监测部门应根据掌握的突发环境事件情况,初步判断突发环境事件的级别,并综合考虑应急监测任务和本部门应急监测技术能力,确定是否需要通知上级或下级环境应急监测部门提供技术和装备支持,开展联合应急监测。如需要,则应依据应急监测预案,立即通知相关应急监测部门。相关应急监测部门接到通知后,则应立即启动本部门应急监测预案,参加联合应急监测工作。

(五)奔赴事件现场,做好途中相关准备工作

突发环境事件应急监测任务紧急,必须要争分夺秒地利用好每一段时间。应急监测人员在乘车赶赴事件现场的途中,可以进一步做好应急监测的有关准备工作。

第一,对应急监测仪器设备进行开机预热。特别是在冬季,利用途中时间对仪器预热,可以有效缩短现场预热时间,为提前得出第一批应急监测数据赢

得宝贵时间。

第二,对应急监测仪器设备进行必要的校准,提前做好相关的质量保证工作。

第三,查询并打印污染物的危险特性、处置方法等,待到达事件现场核实后,可立即上报环境应急指挥部门。

第四,保持与各方的联系畅通。行进途中,综合协调小组应保持与上级环境应急指挥部门、协作应急监测部门和现场调查组以及事件现场联系人间的联系畅通,随时掌握和报告有关污染事件的最新情况。

二、应急监测启动的程序

应急监测启动工作程序如图 4-2 所示。

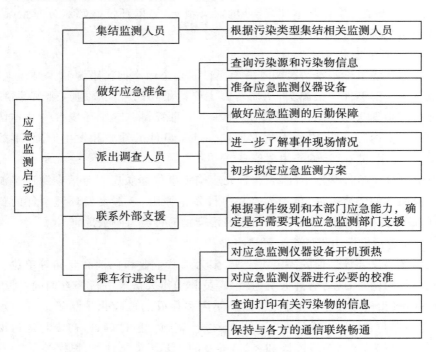

图 4-2 应急监测启动工作程序

43

第三节　应急监测的现场调查

应急监测现场调查是应急监测队伍到达事件现场后,首先开展的一项重要工作任务。通过现场调查,监测人员可以掌握现场污染程度和污染范围,确定主要污染物、拟定应急监测方案,对于客观、准确地反映事件污染程度、范围和变化趋势,保证顺利实施完成应急监测工作具有重要意义。

一、现场调查的主要内容

突发环境事件应急监测任务启动后,在开展各项应急准备工作的同时,就应派出现场调查人员率先赶赴事件现场,尽快制定出较为完善的应急监测方案,着手调查了解事件基本情况、环境污染情况、周围环境敏感点分布情况,收集各类信息资料,初步编制应急监测方案。

(一)事件基本情况调查

突发环境事件基本情况调查的主要目的是全面掌握污染源和主要污染物,通过详细了解事件污染源头,从而掌握主要污染物的种类、性质、规模等情况,为分析污染现状和预测污染态势提供基本信息资料。突发环境事件基本情况调查的主要内容包括:事件发生的地点、时间,事件的性质和发生原因,事故源的生产、使用、储存、运输等主要信息。

突发环境事件基本情况调查,首先应确定事件性质属固定污染源还是流动污染源引发的环境事件,再深入查找事件发生原因,掌握突发环境事件的整体情况和关键污染环节,从而判断出主要污染物的种类、性质、危害。

1.固定污染源引发的突发环境事件

引发突发环境事件的固定污染源,多为工矿企业和化学品仓储等单位。对该类单位的调查,应对管理人员、技术人员和操作人员等进行调查询问;对引发污染的场所、使用设备、原辅材料以及使用和存放的危险化学品等进行现场勘察;对该单位的生产、环保、安全等记录进行调阅。通过调查,初步判定污染事件发生的源头,了解事发原因和经过,涉及的主要污染物种类、规模等。

如有必要,或是突发环境事件引发严重爆炸、火灾等情形,难以进入事件现场勘察的,应向企业或当地生态环境部门调阅该单位的突发环境事件应急预案和环境影响评价报告等资料,根据预先分析的潜在事故风险点分布情况,特征污染物产生、种类、数量情况以及采取的应急措施,结合对现场有关人员的调查结果,分析判断污染事发源头和主要污染物,并初步提出应急处置建议。

2.流动污染源引发的突发环境事件

引发突发环境事件的流动污染源,大多是危险化学品或危险废物的运输车辆、船只等交通工具。对该类流动污染源的调查,应对当事人,如货主、驾驶员、押运员等进行询问;收集运送危险品或危险废物相关的外包装、准运证、押运证、上岗证、驾驶证、车牌号等信息,调查运输危险化学品的名称、数量、来源、生产或使用单位。

如引发突发环境事件的流动污染源因发生翻车或危险化学品泄漏、爆炸,导致有关人员出现伤亡,难以配合进行调查的,还应根据车船号码与其所在单位或商业合作单位联系,调查了解相关信息情况。

突发环境事件基本情况调查工作如图 4-3 所示。

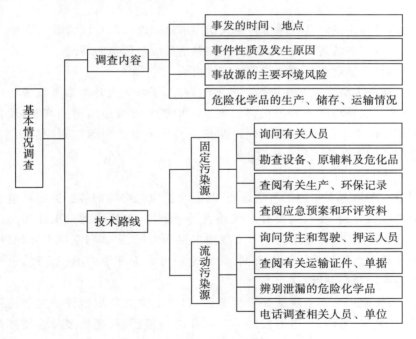

图 4-3　突发环境事件基本情况调查工作

(二)环境污染情况调查

环境污染情况调查的主要目的是了解事件造成的污染程度、扩散范围和变化趋势等,以判断应急监测相应级别,确定应急监测方案中的监测点位、监测频次等要素。主要调查内容包括污染危害、污染状况以及已采取的应急处置措施等。

1.污染危害调查

污染危害调查是初步判断突发环境事件等级的重要依据,也为下一步调整应急监测响应级别提供参考依据。现场调查人员到达事件现场后,通过询问已到达现场的当地生态环境部门或其他应急管理部门,尽可能详细地了解突发环境事件造成的污染危害。具体内容可参照突发环境事件分级标准中的判定标准:

(1)因环境污染直接导致的人员死亡或中毒情况;

(2)因环境污染需疏散、转移群众情况;

(3)因环境污染造成直接经济损失情况;

(4)因环境污染对区域生态功能或国家重点保护野生动植物种群的影响情况;

(5)因环境污染对县级城市集中式饮用水水源地取水造成的影响情况;

(6)是否存在放射源丢失、被盗、失控并造成辐射污染的情况;

(7)环境污染是否已造成跨行政区域影响。

现场调查人员通过对环境污染危害的调查,了解突发环境事件造成的污染程度,预估突发环境事件的等级。如突发环境事件等级超出预先判断,现场调查人员应立即向上级领导报告,建议调整突发环境事件应急监测响应级别,通知其他应急监测队伍进行支援、配合。

2.污染状况调查

污染状况调查主要包括污染途径、范围及扩散趋势等内容。突发环境事件按污染物排放方式不同,主要有大气环境污染事件、水环境污染事件和土壤污染事件,相应的环境污染途径和污染范围主要为大气、水体和土壤等环境要素。根据突发环境事件的具体情形不同,污染途径可能为其中的单一途径,也可能是其中的多种途径并存。

(1)污染途径。需了解事件发生原因,以确定突发环境事件的主要污染途径:是通过大气、水体、土壤引发的单一途径的环境污染,还是多种途径并存的环境污染。

(2)污染范围。通过现场进一步调查询问,并结合现场气象条件和河流走向、地下水分布以及地理特点,分析突发环境事件已造成的污染范围。

(3)扩散趋势。根据现场调查了解的事发地点、污染途径、污染物种类与泄漏规模以及现场的环境、气象、水利、地理等信息资料,利用污染扩散模型大致分析污染扩散趋势。

现场调查人员应依据了解到的污染途径、污染范围和扩散趋势等情况,初步确定应急监测点位的布设方案。

3.处置措施调查

根据《国家突发环境事件应急预案》(国办函〔2014〕119号)规定,突发环境事件的污染处置由生态环境主管部门牵头、有关部门参加,主要职责是收集汇总相关数据,组织进行技术研判,开展事态分析;迅速组织切断污染源,分析污染途径,明确防止污染物扩散的程序;组织采取有效措施,消除或减轻已经造成的污染;明确不同情况下的现场处置人员需采取的个人防护措施;组织建立现场警戒区和交通管制区域,确定重点防护区域,确定受威胁人员疏散的方式和途径,疏散转移受威胁人员至安全紧急避险场所;协调其他有关力量参与应急处置。

因此,环境应急监测部门虽然不是应急处置的责任主体,但在应急处置过程中,环境应急监测部门不仅承担着为应急处置决策提供技术支持的责任,还要根据突发环境事件的事态发展和处置情况及时调整应急监测方案。所以,通过与现场应急处置部门联系,调查了解现场已采取的应急处置措施,也是应急监测现场调查的一项重要内容。

不同类型突发环境事件的发生原因和造成危害各不相同,其相应的应急处置措施也有所不同。通常情况下,大致可分为大气污染、水体污染和危废污染等三种应急处置类型。

(1)大气污染突发环境事件的应急处置措施

①疏散人员。根据污染物危害程度和扩散速度、方向,采取人员疏散措施,并划定警戒范围,防止无关人员进入。

②切断污染源。如有阀门控制,由专业抢险人员进入污染区域并关闭污染源头,如不能实施阀门控制,则由消防等部门进行洗消等专业处理。

(2)水体污染突发环境事件的应急处置措施

①对固定污染源,应将污水尽可能拦截进入事故应急池,防止污水与洗消水进入地表水和地下水。

②对流动污染源,周围没有事故应急池,应采取挖坑、筑坝等临时措施对污水进行拦截,防止污水与洗消水进入地表水和地下水。

③对已进入河道中的污水,应采取多级围堰或堤坝等措施,防止污染扩散或进入饮用水源地等环境敏感区域。

④对周边土壤造成污染的,应挖取被污染土壤,交专业处置部门进行处理。

(3)危废污染突发环境事件的应急处置措施

一旦突发危废污染事件,必须第一时间进行拦截和固化储存,尽可能避免对环境造成污染,对拦截下来的危险废物交有资质的专业机构处理。

突发环境事件环境污染情况调查工作具体如图 4-4 所示。

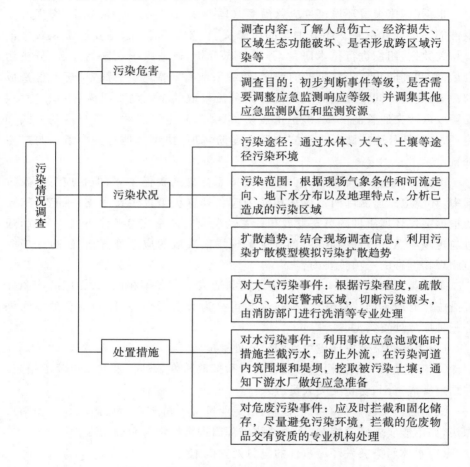

图 4-4　突发环境事件环境污染情况调查工作

(三)周围环境敏感点分布情况调查

突发环境事件的危害主要表现在对周围生态环境的破坏和对周围人群健康的影响。因此,应对突发环境事件周围的环境敏感点进行充分调查了解,并在敏感点进行采样监测,严密监控环境敏感点周围环境的污染情况及变化趋势,及时报告应急指挥部门,以便立即采取相应的现场应急处置措施。

关于环境敏感点的确定,国家有关环境法律法规都有所规定。如《建设项目环境影响评价分类管理名录(2016)》要求,环境敏感区域是指依法设立的各级各类自然、文化保护地,以及对建设项目的某类污染因子或者生态影响因子特别敏感的区域,主要包括:自然保护区、风景名胜区、世界文化和自然遗产地、饮用水水源保护区;基本农田保护区、基本草原、森林公园、地质公园、重要湿地、天然林、珍稀濒危野生动植物天然集中分布区,重要水生生物的自然产卵场、索饵场、越冬场和洄游通道,天然渔场、资源性缺水地区、水土流失重点防治区、沙化土地封禁保护区、封闭及半封闭海域、富营养化水域;以居住、医疗卫生、文化教育、科研、行政办公等为主要功能的区域,文物保护单位,具有特殊历史、文化、科学、民族意义的保护地。

突发环境事件的环境敏感点,与建设项目环境影响评价的环境敏感区大致相同,但由于突发环境事件应急监测工作的特点,其环境敏感点的选定及其调查内容与之相比有所区别。对于突发环境事件应急监测工作而言,现场调查的时间非常紧迫,因此,现场调查对象必须要重点突出,紧紧围绕突发环境事件对周围人群、生态环境、社会经济等可能造成的危害因素,选取确定环境敏感点。现场调查内容要满足应急监测、处置工作的需要,尽可能详细地了解环境敏感点的位置、距离、规模,为确定应急监测点位、监测频次提供基础依据。

1.环境敏感点的确定

首先,为保障人群健康安全,应重点关注突发环境事件周围的人群分布。将事件周围的居民区、村庄、学校、医院、机关事业单位等人口密集的公共区域设为影响人群健康的环境敏感点。

其次,为保障水环境安全,应关注突发环境事件周围的地表水和地下水分布。将事件周围的饮用水源地、水库和水产养殖区、农业灌溉水渠以及地下水、近岸海域等设为影响水环境安全的环境敏感点。

另外,根据突发环境事件的污染情况,可将事件周围的基本农田、自然保护区、风景名胜区、养殖区等可能被污染的敏感区域作为现场调查的环境敏感点。

2.环境敏感点的调查

对突发环境事件环境敏感点的调查内容,可根据事件的类型及其造成的污染影响进行确定。

针对突发环境事件造成的大气污染影响,应对事发地点下风向的环境敏感点进行调查。调查的对象应以影响人群健康的人群聚居区等环境敏感点为主,同时考虑自然保护区、风景名胜区等区域的环境敏感点。调查内容主要包括环境敏感点与突发环境事件事发地点的距离,人群密集区的人员规模以及事发现场的风向、风速等因素。

针对突发环境事件造成的水污染影响,应对事发地点下游的环境敏感点进行调查。调查对象应以影响人群饮水安全的饮用水源地、水库、地下水等为主，同时兼顾水产养殖区、灌溉水渠以及河流与湖泊、近岸海域等环境敏感点。调查内容主要包括环境敏感点与突发环境事件事发地点的距离，水源地供水范围与规模以及地表水和地下水的流向、流速等因素。

针对突发环境事件造成的土壤污染影响，应对环境敏感点被污染的基本农田、河流底泥以及公园、自然保护区等环境敏感点进行调查，调查内容主要是了解土壤污染的范围和程度等情况。

突发环境事件环境敏感点调查工作如图 4-5 所示。

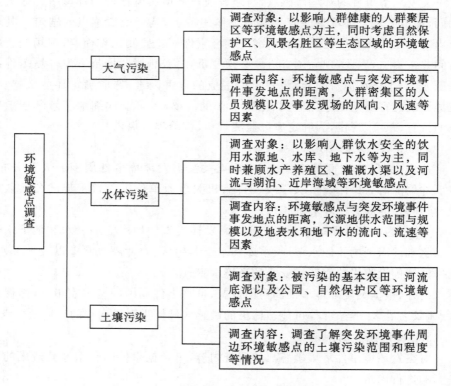

图 4-5　突发环境事件环境敏感点调查工作

二、现场调查的工作步骤

突发环境事件应急监测现场情况复杂，监测任务紧迫。因此，开展现场调查工作，应按照轻重缓急、分步骤有序开展，确保在短时间内完成。根据突发环境事件应急监测工作需要,现场调查应首先开展事件基本情况调查和污染状况调查,尽快掌握污染源和污染物情况,以确定应急监测项目;同时调查污染扩散趋势、周围环境敏感点,确定或调整应急监测点位和频次。其次,调查应急处置情况,根据已采取的处置措施调整监测方案,或根据应急监测结果向应急指挥部门提出下一步处置建议。

现场调查工作中,掌握突发环境事件污染情况和周围环境敏感点分布,是制定应急监测方案的重要依据,是有效开展应急监测工作的前提和基础。因此,梳理清晰污染情况调查和环境敏感点调查的工作步骤和层次,是完成好现场调查工作的关键。

（一）污染情况调查步骤

因突发环境事件的不可预见性和复杂性,污染情况调查是现场调查中一个较为复杂的工作环节,也是现场调查工作的难点和重点。

一般情况下,对突发环境事件掌握情况可大致分为以下四种情形。

第一,已知突发环境事件的污染源和主要污染物。在这种情况下,可直接调查突发环境事件的污染范围和污染程度等环境污染情况。

第二,已知突发环境事件的污染源,但不掌握主要污染物。在这种情况下,则应从污染源的调查入手,分析主要生产工艺和原辅材料以及相关运输、使用和储存的危险化学品等,判断可能的主要污染物。

第三,已知突发环境事件的主要污染物,但不掌握污染源。需要通过掌握的污染物情况,对事发地附近的相关污染源进行排查,锁定污染源。

第四,对突发环境事件的污染源和主要污染物都不掌握。此时需要从发现地点周边的环境污染状况着手,通过调查和采样检测相结合的方法,判断污染物情况,进一步对事发地附近的社会环境和生产企业进行排查,最终锁定污染源头。

（二）环境敏感点调查步骤

应对突发环境事件,首要是保证周围群众的生命健康安全,次要是防止污染对自然生态环境造成损害。因此,一般情况下的环境敏感点调查,通常遵循以下两个步骤。

第一,调查直接影响人群健康的环境敏感点。如,突发环境事件周围的居民区、村庄、学校、医院、机关事业单位等人口密集的公共区域;事件发生地附近的集中式饮用水水源地(地表水和地下水)、水库等。

第二,调查间接影响人群健康和重点自然生态环境等环境敏感点。如,突发环境事件周围的基本农田、养殖区、灌溉水渠和河流、湖泊及风景名胜区、自然保护区等。

（三）应急措施调查步骤

现场调查人员对应急措施的调查，应分为两个阶段。

第一，抵达现场阶段。应立即向消防、应急管理（等部门）和有关事件责任方了解已采取的应急措施，作为制定应急监测方案的依据。

第二，监测阶段。保持与现场应急指挥部门或处置部门的沟通与联系，结合应急过程中采取和不断调整的应急处置措施，及时调整应急监测方案，应对好污染事态的发展变化。

（四）报告现场调查结果

现场调查工作一旦完成，调查人员应立即将初步调查结果报告应急监测指挥领导，作为研究制定应急监测方案的重要依据。现场调查结果应以规范的书面记录单格式进行上报，具体格式可参见表 4-2。

表 4-2　突发环境事件应急监测现场调查记录单

事件名称		事发地点及时间	
事件性质	□ 爆炸　　□ 泄漏 □ 超标排放　□ 非法倾倒 □ 其他：_____	污染物种类	□气污染物：_____ □水污染物：_____ □土壤污染物：_____ □其他：_____
污染物理化及毒理性质		事发原因及经过	
泄漏规模	□初步估计：_____ □未知	污染范围	□污染已得到基本控制 □污染已扩散至：_____
扩散途径及趋势		周围环境敏感区	□住宅区　　□学校　　□河流 □饮用水源地　□其他：_____
人员和动植物中毒症状	□无明显症状 □有明显症状：_____	已采取的应急处置措施	

事件现场示意图	注:应清晰标示事件点和周边环境敏感点及监测点、警戒区域等	
处置建议		
调查人	记录时间	
附件	如有:固定源引发突发环境事件,可附相关企业环评资料等资料性文件; 流动源引发突发环境事件,可附危险化学品或危险废物的外包装、准运证、押运证等	

第五章　应急监测方案的制定

环境应急监测方案是指在突发环境事件后,由环境应急监测部门依据现场查明的污染等有关情况,组织编制的用于指导环境应急监测工作有序开展的实施方案。环境应急监测方案是对整个环境应急监测的内容、过程、方法和要求做出的指导大纲,是实施环境应急监测的主要技术依据,也是环境应急监测工作成功的关键环节。是否科学、合理、周密地编制环境应急监测方案,关系到整个环境应急监测工作能否顺利、有效实施。本章对环境应急监测方案的主要编制内容和编制要求进行介绍,对应急监测方案中的监测点位布设、监测项目选定、监测频次确定等重点环节进行论述。

第一节　应急监测方案的主要内容与编制要求

一、应急监测方案的主要内容

突发环境事件应急监测现场情况复杂,应急监测方案作为应急监测工作的主要技术依据,内容应尽可能全面、翔实,具有可操作性。

(一)应急监测方案的主要构成要素

任务由来:应急监测指令下达的部门和时间,应急监测队伍集结与到达现场的时间。

事件基本情况:根据初步调查结果,尽可能详细叙述突发环境事件的时间、地点、缘由、污染性质、污染类型、污染程度及扩散范围、人员伤亡、生态环境影响等信息。

编制依据:包括国家和地方的有关法律法规,各级突发环境事件应急预案、应急监测预案,有关环境监测技术标准和规范以及环境评价标准等。

任务分工：明确现场应急监测工作的总指挥、技术负责人、各小组负责人及组成人员，各小组承担的任务，各部门之间的配合协调等。

污染源及污染物：固定污染源状况包括所属行业，生产、储存、运输等环节，主要原辅料及产品，发生泄漏或爆炸的生产装置；移动污染源状况，包括移动源的种类（如车辆、船只等）、发生原因（如翻车、泄漏或爆炸等）。污染物状况包括其种类、数量、理化性质、毒性毒理、危害性及对周围环境已造成的危害情况。若特征污染物种类尚未知，应对污染物的气味、颜色等作定性描述。

事发点及周围环境状况：有无民居、医院、学校、饮用水源、河流、水库、水产（畜产）养殖、自然保护区等环境敏感点；气象、水文、地貌、植被状况。

监测点位布设：水质监测点位应考虑对照、控制、消解等断面设置；大气监测点位应考虑上下风向及风速、扩散条件；土壤监测点位应为被污染到的土壤。监测点位布设应充分考虑空间的代表性和数据的完整性。应附有具体监测点位示意图。

采样监测频次：根据特征污染物性质、受污染程度和扩散、稀释条件及事件应急处置措施要求，掌握先密后疏原则，并充分考虑时间的连续性和样品的代表性。

监测项目：以特征污染物为主，兼顾其在环境中的衍生物以及相关环境质量指标和相关自然要素指标。若通过现场调查仍未确认特征污染物的，则要扩展监测项目范围，通过现场便携式监测仪器确定，必要时将样品送回实验室定性分析确定。

采样器具及设备：根据特征污染物理化性质、样品保存要求及自然环境状况，选用合适的采样及样品存放器具和设备。

监测仪器：应指定用于特征污染物及相关监测项目的测试仪器种类及型号。

分析方法：包含现场测试项目和实验室分析项目，指明分析方法的标准号。如引用境外或国际组织标准分析方法应特别注明；如非标准方法，应写明方法来源。

安全防护措施：尽可能明确采样人员个人防毒（伤）害、避险器具（防护服、防毒面具等）以及消毒、急救方法；可能存在的危险或安全隐患及注意事项。

质量保证措施：应包含整个应急监测的器具设备、采样、分析、记录、数据处理、结果报告等各个环节质量控制的具体方式、方法和手段。

评价标准和方法：选用合适的数据分析评价标准和类别，明确评价方法（单因子、综合指数等）。如引用境外或国际组织标准进行评价，应特别注明。

后勤保障：应急监测车（船）的调配及租（借）用、应急监测用物资供应、通信联络工具等，尽量注明时间节点。

报告发布：应急监测一旦有了结果，应及时上报。报告的编制、审核、签发应由专人负责。必要时可以利用现代通信手段传送数据或报告。

应急监测终止：尽可能明确应急监测终止的条件、终止建议的提出部门、终止指令的下达部门。

问题建议：现场应急监测人员、仪器设备、安全防护、交通工具等是否满足采样监测条件，不满足的应提出合理化建议。

环境应急监测方案要素构成如图 5-1 所示。

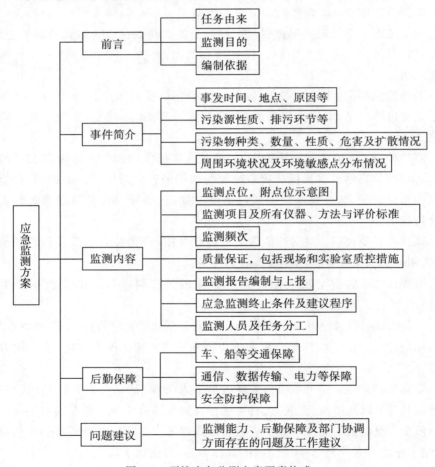

图 5-1　环境应急监测方案要素构成

（二）应急监测方案的编制类型

突发环境事件情况复杂,污染呈动态变化趋势。应急监测方案的编制在兼顾各构成要素的基础上,还应根据突发环境事件的特点,针对环境污染要素的不同、污染事态发展变化,在内容和形式上有所侧重,突出不同类型监测方案的特殊要求。其编制类型主要有以下两种划分方式。

1.按环境污染要素划分

根据突发环境事件污染要素不同,可分为水环境污染事件应急监测方案、大气环境污染事件应急监测方案、土壤环境污染事件应急监测方案和综合性环境污染事件应急监测方案。

（1）水环境污染事件应急监测方案。重点涉及污染物的种类、浓度、排放量、性质、遇水后的化学反应,河流中的水文情况、污染扩散情况,事发地下游饮用水水源地等环境敏感点分布情况。应在事发地设污染监控点,上游设对照点,下游设消减断面和环境敏感点,迅速采集分析水质样品,报告污染程度和扩散范围,提出对河流及环境敏感点的应急处置建议,确保群众饮水安全。

（2）大气环境污染事件应急监测方案。重点涉及污染物的种类、浓度、排放量、性质,对人体、动植物的吸入危害,事发地周围地理地貌、气象条件以及居民区、学校等环境敏感点分布情况。应在事发地设污染监控点,周围设环境敏感点,上风向设对照点,下风向设扩散监控点,迅速采集分析气体样品,报告污染程度和扩散范围,提出是否需要对人员进行疏散的应急处置建议,确保群众健康安全。

（3）土壤环境污染事件应急监测方案。土壤环境污染,可能由爆炸、泄漏引起,也可能由污染源长期排放积累引起。其应急监测方案的重点是抓住特征污染物,掌握污染程度和污染范围,采集污染区域土壤样品,尽快开展现场快速分析或送回实验室分析。

（4）综合性环境污染事件应急监测方案。对包含水、气、土等多项因素的综合性环境污染事件,其应急监测方案的编制应综合统筹考虑水、气、土监测内容,重点明确人员分工和职责任务,注重方案的系统性、完整性和可操作性,确保应急监测工作协调有序、全面系统推进。

2.按监测阶段进度划分

根据突发环境事件事态发展和应急监测工作进展阶段,可分为初步监测方案、总体监测方案、跟踪监测方案。

（1）初步监测方案。突发性环境事件初期,由于应急监测部门对事件基本情况还不完全了解,但又要在第一时间向上级决策部门提供监测结果,因此需要在短时间内拿出一个简易的初步监测方案,以便快速实施、汇报监测结果。初步监测方案从内容、结构上来讲较为简单、直接和明了,主要应说明事件大致情况、主要特征污染物以及监测点位和监测频次、数据上报等内容。

初步监测方案的编制要点在于"快速、简明、易操作、重点突出"。突发环境事件初期,在最短时间内报告污染物种类、浓度、危害和污染范围,是应急监测部门的首要任务。且在事件初期,污染态势不易控制,污染物扩散速度快,实施监测越快越好。因此,初步监测方案重点体现在编制速度快,监测便于实施,监测内容突出危害较大的特征污染物,力争在最短的时间内取得第一手监测数据。

(2)总体监测方案。总体监测方案是为全面开展应急监测工作需要,在初步监测方案基础上进一步补充完善,制定而成的较为全面完整的监测方案。主要内容应包括监测目的、监测内容(点位、项目及频次)、监测仪器、监测方法、执行标准、质量保证(质保措施)以及数据报送的要求等内容。

①监测目的。监测目的应该包含三个方面:突发环境事件的基本情况,如事件起因和主要污染物、污染范围以及周围环境敏感点分布、已采取的应急措施等;开展应急监测工作的部门;开展本次应急监测工作所需要达到的效果。

②监测内容。需要详细说明本次应急监测拟开展实施的内容,主要包括应急监测的点位、监测项目及监测频次。

在方案中对监测点位要描述清晰,具有唯一性和识别性,避免产生混淆,可采用必要的注释,如"监测要素+点位编号+事故源名称"或"点位显著名称+距事故源的距离+点位的性质(控制点、对照点和敏感点)"。

监测点位应绘制清晰、准确、简单的示意图,能够直观地反映出事件发生地点、监测点位及周围环境敏感点的实际位置,标明各点位与事发地点的实际距离,对于水质监测时的河流流向、空气监测时的风向都应标明。

监测项目要求规定具体、描述清晰,除 pH 外,其他项目应尽量使用文字、不使用字母或简写进行描述;列出监测项目所对应的监测分析方法和使用的应急监测仪器。

对监测频次的描述应包括:监测阶段连续进行的时间,如连续 2 天或连续 24 小时;每次监测的间隔时间,如 6 次/天或 1 次/时;是否需要加密监测频次等。

针对不同监测要素的监测应列表表述,分类列出监测项目、监测点位、监测频次,特殊情况下的要求应附有文字描述。

③执行标准。应急监测的执行标准应包括监测分析方法的依据,样品采集

保存的技术规范,国家和地方的环境质量标准、污染物排放标准、相关行业标准等。

执行标准的叙述应包括:列出名称和标准号;详细列出污染物排放、环境质量标准名称、标准号及标准的级别(几类/几级标准);列出不同监测因子执行和参考标准的标准限值和国际单位;以表格并辅以文字描述的形式,列出以上标准及限值,确保使用中一目了然。

④质量保证。在应急监测方案中对各个环节都应采取质量保证措施,包括现场监测采样、实验室分析测试、样品运输以及对数据三级审核的确认。

⑤数据报送。方案中对数据报送的形式和内容提出要求,既要注意数据报送的迅速与准确,又要注重数据的保密性,避免引起恐慌。方案中应注明监测数据的具体报送时间和报送形式,还应确认监测数据的接收部门。在报送中为了保证数据的时效性,可在保密措施下采取手机、互联网、卫星电话等工具进行第一时间报送。

(3)跟踪监测方案。跟踪监测方案主要是指经过一段时间的应急监测后,通过采取有效应急处置措施,突发环境事件污染态势趋于缓和,污染物浓度明显下降,环境质量能够稳定在标准范围内或基本恢复到日常水平时,开展跟踪监测而编制的监测方案。跟踪监测方案是在总体监测方案的基础上,根据污染现场实际情况,适当调整监测点位、降低监测频次。监测内容主要侧重于受到污染的环境要素污染变化趋势监测,以防止可能残留的污染物对事发地周边的环境敏感点产生影响。跟踪监测方案也可以针对环保部门对水体、土壤等采取的治理措施起到的效果和环境损害评估而编制,重点应是确定环境质量的恢复情况和对污染物可能在中长期产生危害的评估性监测。

二、应急监测方案的编制要求

(一)应急监测方案的特点

环境应急监测方案的编制与一般性环境监测方案相比,具有时间要求更为紧迫、内容要求更为详尽、技术要求更为严格等特点。

(1)时间紧迫。为及时开展应急监测工作,要求必须在最短时间内编制完成环境应急监测方案。

(2)内容详尽。事发现场情况复杂多样,要统筹考虑污染源和周围环境质量、环境敏感点等监测要素,还要兼顾安全防护措施等内容。

(3)技术严格。监测污染源和污染物存在不确定因素,现场监测需要根据污染事件实际情况,合理选用监测仪器、分析方法、评价标准,质量保证和质量控制措施应简便有效等。

（二）编制要求

编制突发环境事件应急监测方案,应针对应急监测方案的特点,在编制过程中重点把握好以下几点要求。

1.快速编制上报

应急监测方案应尽快编制完成,要求编制人员不必过多,但必须具有丰富的实践经验、专业知识和技术技能。同时,在编制过程中应避免一味求快而忽视质量。

2.预制方案模块

根据以往应急监测案例,可按照不同污染源特点、事故类别、特征污染物种类等事先分门别类地做好各种备选方案。预制方案可按不同事件类型细化成各种模块,如大气、水质污染事件中的有机类、无机类、重金属类等的监测方案模块。一旦接到应急监测任务指令,根据现场调查情况,选取预制方案模块略加组合、修改,即可快速完成应急监测方案的编制,可以较大提高方案编制的时效性。

3 健全数据库

环境应急监测数据库应包括各类危险源名录及空间分布,咨询专家备选名单,地理信息系统,污染扩散模型,常见特征污染物的理化性质、毒性毒理、分析方法、环境标准、安全防护、应急处置等信息。

4.兼顾相关指标

监测项目不能仅局限于特征污染物,必须兼顾在环境中的衍生污染物;监测范围应包括与之相关的环境要素指标,如环境本底、地下水、生物富集等。这样有利于全面、客观地对事发点及事故影响、环境形势和污染现状及趋势进行判断和评估。

5.参考历史数据

如有可能,应尽量调用事发点附近的历史环境监测数据,用以比较、分析事故造成的影响及程度以及作为终止应急监测的技术依据。

6.及时动态调整

应急监测方案往往经历一个逐步完善的过程。随着事件污染态势的发展和对污染性质、范围和程度的逐步深入了解,以及根据应急处置措施的效果、应急指挥部门的要求、现场污染情况的变化等,需要对已制定实施的监测方案进行修订调整。

7.关注实施细节

应急监测方案的构成要素及主要内容不应有遗漏,在监测细节方面也应尽量考虑周全。如,周围环境敏感点是否疏漏,监测点位是否便于样品采集,地下水是否受监测,用于趋势判断和整体评价的参数和数据是否充足,次生危害及其影响是否需要考虑,安全防护是否周密,样品保存、运输条件是否满足,等等。

第二节　监测点位的布设

监测点位的布设是应急监测方案的重要内容,点位的代表性、科学性和完整性是影响应急监测数据的重要因素。点位布设如果不具有代表性,则无法反映重要地理位置的污染情况,达不到应急监测的目的;如果不具有科学性,则难以反映污染变化趋势和扩散情况;如果不具有完整性,就不能充分反映事件的影响范围。因此,实施突发事件应急监测时,合理、科学地布设监测点位成为应急监测的关键技术之一。

一、点位布设的基本原则

(一)覆盖全面

监测点位布设应以事件发生地及其附近区域为主,并综合考虑事件类型、现场地貌、周围环境敏感点、水文特征、气候条件和污染物种类、影响范围以及样品采集的方便性和可操作性等现场实际因素。

(二)功能齐全

根据事件现场情况,监测点位布设主要包括污染控制点位、消减点位、对照点位和环境敏感点位。污染控制点位是在事件发生地附近,用于掌握污染物的排放强度;消减点位是在污染物扩散的大气下风向或河流、地下水下游断面,用于掌握污染物的扩散情况;对照点位是在污染物扩散的大气上风向或河流、地下水上游断面,用于掌握当地环境质量的背景情况;环境敏感点位是指依法设立的各级各类自然、文化保护地,以及对建设项目的某类污染因子或者生态影响因子特别敏感的区域。

(三)操作便捷

因应急监测的时效性强,现场监测资源有限,因此,点位布设要尽可能以最少的监测点位获取足够的有代表性的信息,最大限度地减少工作量。同时,应考虑采样点位的方便性和时效性,将监测点位尽可能布设在便于采样的位置或断面,采样点位距离现场分析测试地点不宜过远且交通便利。

（四）适时调整

监测过程中，根据污染物扩散情况、监测结果的变化趋势或上级应急指挥部门的要求，应及时对监测点位进行适当调整，以满足应急决策和处置工作的需要。

二、布点方法

根据污染物排放的方式、污染区域的特性和应急监测方案的要求，采样人员应进行具体点位布设并选取采样点。

（一）污染源监测点位布设

突发环境事件应急监测中，在污染源附近布设控制监测点位，对于掌握污染源的排放强度，采用扩散模型预测污染扩散范围和变化趋势，具有非常重要的作用。

1.污染源大气监测布点

应根据现场的具体情况，在确保安全的情况下，尽可能在固定污染源和流动污染源的附近布设点位。对于固定污染源产生或泄漏污染物的生产装置、反应容器、处理设施等，应分别布设采样点。

2.污染源污水监测布点

污染发生后，必须在全面掌握与污染源污水排放有关的工艺流程、污水类型、排放规律、污水管网走向等情况的基础上确定采样点位。

第一类污染物采样点位一律设在车间或车间处理设施的排放口或专门处理此类污染物设施的排口。

第二类污染物采样点位一律设在排污单位的外排口。

进入集中式污水处理厂和进入城市污水管网的污水采样点位应根据生态环境主管部门或应急指挥部的要求确定。

污水处理设施效率监测采样点的布设：对整体污水处理设施效率监测时，在各种进入污水处理设施的污水入口和污水处理设施的总排口设置采样点；对各污水处理单元效率监测时，在各种进入污水处理设施单元的污水入口和设施单元的排口设置采样点。

（二）大气监测点位布设

1.布点注意事项

由于在突发大气环境事件中，污染物的分布通常不均匀，时空变化差异比较大，因此采样点位的布设对准确判断污染物的浓度分布、污染范围与程度等极为重要，一般采样点的确定应考虑以下因素。

（1）大气的监测应以事故地点为中心，在下风向按一定间隔的扇形或圆形布点，监测点位应覆盖整个污染影响区域，污染重的区域应适当增加布点。

（2）在事故点的上风向适当位置布设对照点，同时在可能受污染影响的居民住宅区或人群活动区等环境敏感点必须设置采样点。

（3）为反映污染物对人体的影响危害，采样点高度应设在距离地面 $1.5\sim 2.0\ m$ 处，并根据污染物的特性进行适当调整。

（4）采样过程中应密切注意风向变化，及时调整采样点位置，避免高大建筑物及树木等的遮挡。

2.事件不同时期布点方法

突发大气环境事件的整个发展过程，因污染物浓度和污染范围变化较大，可以较为清晰地分为事件初期、事件中期和事件后期三个阶段。

（1）事件初期阶段。在这期间，人们对突发事件情况了解不多。采样点位布设时，应根据污染物种类、气象条件选择合适的污染扩散模型，通过对污染源排放强度的初步监测或估算，预测事件污染影响范围。根据现场风速大小，主要采用以下两种布点方法。

①扇形布点法。扇形布点法适用于主导风向比较明显（参考风速高于 $0.5\ m/s$）的情况。布点时，以泄漏源所在位置为圆点，以主导风向为轴线，在气体泄漏的下风向地面上画出包括整个污染影响区的扇形区域，作为布点范围。该扇形区域的夹角一般控制在 $90°$，也可根据现场具体情况适当扩大。采样点就设在扇形平面内从点源引出的若干射线与模型预测的各个分区的边界弧线交点上，相邻两射线间的夹角一般取 $10°\sim 20°$。

②圆形布点法。圆形布点法一般用于地面粗糙度小、风速低于 $0.5\ m/s$ 的情况。布点时，以泄漏源为圆心，参考已经预测的各分区的边界，画 $5\sim 7$ 个同心圆，再从圆心引出 $8\sim 12$ 条放射线，放射线与同心圆的交点即为采样点的位置。

扇形布点法和圆形布点法针对的是一种较为理想的状态，它假设风速、风向是不变的，并且未考虑到事件发生地的地形地物、大气稳定度及其他自然条件。具体布点时，要考虑事故发生现场的具体情况以及上述的采样点布设原则，对采样点进行适当调整。

（2）事件中期阶段。在这段时间，应急监测人员已基本掌握泄漏源有关信息以及气象条件和周围地理信息，并已获取部分监测数据，有助于大气监测点位的调整布设。

大气监测点位应分布于整个事件影响区域，但在应急监测过程中，事件现场情况不断变化,还要根据污染物扩散情况、监测结果及气象条件(如风速、风向等)的变化,适时调整采样点位置和数量。

在事件中期阶段,污染程度和污染范围会发生趋势变化,如果风向改变,则采样点位置也应作出相应调整,确保事件发生地的下风向为主要监测范围,并在上风向布设对照点;如果通过采取应急措施切断泄漏源,泄漏气体浓度会随时间推移慢慢降低,污染范围和危险区域也会发生相应改变,此时可根据监测结果结合气象数据预测污染影响范围,并及时调整采样点。

(3)事件后期阶段。在这段时间,事件现场已被基本控制,污染物的泄漏或释放已被基本断绝,污染影响区域的污染物逐步消散,对区域内的人员已经不会构成严重危害。此时,监测点位应作必要的调整,采样点一般布设在事件现场、事发地周围的环境敏感点(如居民区、学校等人群聚居区)以及资源保护区等具有代表性的位置。

(三)地表水监测点位布设

1.布点注意事项

相比较而言,水环境污染事件不像大气环境污染事件那样急迫,但具有隐蔽性强、影响面广,对水生生物生活环境影响持久、难以消除等特点,因此采用快速、便捷的监测点位布控技术,对于迅速准确查明污染来源,控制污染蔓延扩散,及时制定应急措施具有重要意义。

(1)监测点位设置一般以突发环境事件发生地及其附近区域为主,根据水流方向、扩散速度(或流速)和现场具体情况(如地形地貌等)进行布点监测,同时应测定流量,且点位的布设应分布于整个事件污染影响区域。

(2)监测点位布设应考虑事件发生地周围的环境敏感点,如湖泊、水库、饮用水源地及取水口、水产养殖区等敏感水域,人口分布较为密集的居民区、学校、医院和其他人群聚集的公共区域。

(3)对于地表水或地下水污染,应在事件发生地、事件发生地下游布设控制断面和消减断面,同时在上游一定距离布设对照断面;若流速小或基本静止,可根据污染物特性在不同水层采样。

(4)监测点位布设应考虑突发环境事件的污染物性质,根据污染物不同特性采取相应的布点方式,如对于漂浮于水面的油类物质,只需在水面布设监测点;对于可溶于水的危险化学品引发的环境污染事件,应根据水的深度,在不同水层布点采样;对于沉于水底的危险化学品,在泄漏到水体后的初始阶段,随着水流的作用边漂移、边下沉,所以除根据水体的深度在不同水层布点外,还需要对底泥进行采样分析。

2.事件不同时期的布点方法

突发水环境事件的发展过程,与大气环境事件类似,也可以分为事件初期、事件中期和事件后期三个阶段。

(1)事件初期阶段。在这个阶段,整体污染程度和污染范围等情况不明,且污染物浓度较高、变化较快、对环境和人体的危害较大,应作为应急监测的重点阶段。本阶段的监测点位应充分考虑事件现场的地理位置、水文情况和污染物扩散途径、方式和去向等因素,选用适当的水质污染扩散模型,在可能受到污染影响的区域尽可能多地布设监测点位,重点在事发地污染源头和周围环境敏感点及其附近水域加密布设监测点位。

(2)事件中期阶段。在中期阶段,应急监测人员对事件污染情况已有一定了解和掌握。因此,本阶段的监测点位布设,应根据已掌握的污染范围和变化趋势,将监测点位重点布设在污染实际影响范围内和可能将会受到污染的区域,并全程对污染团流经的水域进行跟踪监测。

(3)事件后期阶段。随着应急措施的采取,事件污染源头已被控制、切断,污染物基本消散,影响范围不断缩小。此时,应急监测的目的主要是掌握事件影响范围内的环境恢复情况,监测点位布设应以周围重点环境敏感点为主,适当在污染影响范围的其他区域布设监测点位。

3.地表水的布点方法

(1)河流的监测布点。对江、河、沟、渠等的监测布点,应在事发地附近的污水进入地点布设控制监测点位;根据污水扩散情况,在其下游布设适当数量的消减监测点位,在事故发生地上游一定距离布设对照监测点位,在事故影响区域内饮用水取水口和农灌区取水口处必须设置环境敏感点位;点位设置尽可能与当地水文监测断面一致,以便利用其水文参数,实现水质监测与水量监测的结合;应避开死水区、回水区、排污口处,尽量选择顺直河段、河床稳定、水流平稳、水面宽阔、无急流、无浅滩处;监测断面上采样点位的布设如表5-1、表5-2所示。

①对照点位原则上应设在水系源头处或未受污染的上游河段,须能反映水系未受污染时的背景值。

②控制断面应设在污水汇入河流地点的下游,污水与河水基本混匀处,用来反映污染事故排放的污水对水质的影响。

③削减断面应设置在控制断面下游,主要污染物浓度有显著下降处,主要反映河流对污染物的稀释净化情况。

④依据行政区域划分设置的断面,如入境断面、出境断面、交界断面等。

⑤在入河(海)口、河流交汇处、闸(坝)(堰)等特定位置前后布设监测断面。

表 5-1　河流断面采样垂线布设

水面宽度	采样垂线数	布设要求
<50 m	1 条(中泓重线)	①垂线布设应避开污染带,要测污染带应另加垂线
50～100 m	2 条(近两岸有明显水流处)	②确能证明该断面水质均匀时,可仅设中泓垂线
>100 m	3 条(左、中、右)	③凡在该断面要计算污染物通量时,必须设置垂线

表 5-2　河流断面采样点的布设

水深	采样点数	布设要求
<5 m	上层 1 点	①上层指水面下 0.5 m 处,水深不到 0.5 m 时,在水深 1/2 处
5～10 m	上、下层 2 点	②下层指河底以上 0.5 m 处 ③中层指 1/2 水深处 ④封冻时在冰下 0.5 m 处采样,水深不到 0.5 m 处时,在水深 1/2 处采样
>10 m	上、中、下三层 3 点	⑤凡在该断面要计算污染物通量时,必须按本表设置采样点

（2）湖泊、水库的监测布点。对湖（库）的采样点布设应以事故发生地为中心,按水流方向在一定间隔的扇形或圆形布点,同时根据水流流向,在其上游适当距离布设对照断面（点）；必要时,在湖（库）出水口和饮用水取水口处设置采样断面（点）。各监测断面应根据水面宽度、水深及污染物的特性布设监测垂线,监测垂线上采样点的布设应符合表 5-3 要求。

表 5-3　湖(库)断面采样点的布设

水深		采样点数	说明
<5 m		1 点(水面下 0.5 m 处)	
5～10 m	不分层	2 点(水面下 0.5 m,水底上 0.5 m)	①分层是指湖水温度分层状况 ②水深不足 1 m,在 1/2 水深处设置测点 ③有充分数据证实垂线水质均匀时,可酌情减少测点
	分层	3 点(水面下 0.5 m,斜温层 1/2 处,水底上 0.5 m 处)	
>10 m		除水面下 0.5 m,水底上 0.5 m 处外,按每一斜温分层 1/2 处设置	

66

①湖泊、水库通常只设监测垂线,如有特殊情况可参照河流的有关规定设置监测断面。

②湖(库)区的不同水域,如进水区、出水区、深水区、浅水区、岸边区,按水体类别设置监测垂线。

③湖(库)区若无明显功能区别,可用网格法均匀设置监测垂线。

④监测垂线上采样点的布设一般与河流的规定相同,但对有可能出现温度分层现象时,应做水温、溶解氧的探索性实验后再定。

⑤受污染物影响较大的重要湖泊、水库,应在污染物主要迁移途径上设置控制断面。

(四)地下水监测点位布设

地下水的监测布点应以事故地点为中心,根据本地区地下水流向采用网格法或辐射法布设监测井采样,重要水源或污染严重地区适当加密,同时视地下水为主要补给来源,在垂直于地下水流的上方向设置对照监测井采样。

(1)在事故地点周围,且以地下水为饮用水源的居民点取水处应设置采样点。

(2)对区域地下水构成影响较大的地区,如污水灌溉区、地下水回灌区、大型矿山排水地区等,应设置采样点。

(3)当事故废水沿河渠排放或渗漏以带状污染扩散时,应根据河渠的状态、地下水流向和所处的地质条件,采用网格布点法设垂直于河渠的监测线。

(五)土壤监测点位布设

根据污染物的颜色、印迹和气味以及结合地势、风向等因素初步界定污染事故对土壤的污染范围。对土壤的监测应以事故地点为中心,按一定间隔的圆形或梅花形布点方法或根据地形采用蛇形布点方法进行布点,同时在布设对照点采集背景土壤样品,并根据污染物的特性在不同深度采样,必要时在事故地附近采集作物样品。常用土壤监测布点方法及示意图如表5-4和图5-2所示。

表 5-4　常用土壤监测布点方法

布点方法	布点数	适用条件
对角线法	对角线分 5 等份,以等分点为采样分点	适用于污灌农田土壤
梅花形法	5 个左右	适用于面积较小、地势平坦、土壤组成和受污染程度相对比较均匀的地块

续表

布点方法	布点数	适用条件
棋盘式法	10 个左右	适宜中等面积、地势平坦、土壤不够均匀的地块
	20 个以上	适用于受污泥、垃圾等固体废物污染的土壤
蛇形法	15 个左右	适用于面积较大、土壤不均匀且地势不平坦地块,多用于农业污染型土壤

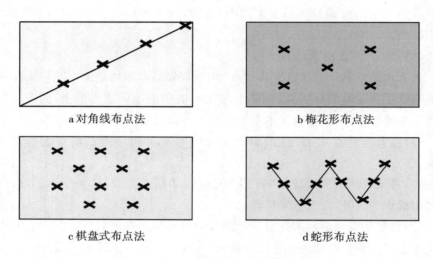

图 5-2　常用土壤监测布点方法示意图

对于固体污染物抛撒、泄漏的污染类型,污染物通常会附着于土壤表层。因此,在污染物收集完毕后布设土壤采样点位,采集表层 5 cm 的土壤样品,采样点位数一般不少于三个。

对于液体污染物倾翻、泄漏的污染类型,污染物会向低洼处流动,同时向下方和两侧渗透、扩散。因此,在事故发生点附近布设点位,采样深度较深;在污染物扩散、渗透范围内布设点位,离事故发生点相对远处采样深度较浅。总采样点不少于五个,每个采样点应分层采样。

对于爆炸污染类型,以放射性同心圆方式在爆炸影响范围内布点。总采样点不少于五个,爆炸中心应分层采样,其余应采集 0～20 cm 表层土。

（六）河流、湖库底质监测点位布设

根据污染物在水中的溶解度、密度等特性,对易沉积于水底的污染物,可与地表水的点位布设相结合,选取部分点位开展底质监测。在底质堆积分布状况未知的情况下,采样地点要均衡设置,除在主要污染源附近、河口部位外,还应选择由于地形及潮汐原因造成堆积以及底质恶化的地点,增设采样点。

第三节　监测频次的确定

一、监测频次确定的原则

突发环境事件中泄漏的污染物进入环境后,随着扩散、稀释、降解、沉降和应急处置措施的采取,其浓度会逐渐变化,呈下降趋势。为随时掌握突发环境事件的污染程度、污染范围和变化趋势,需要在事发、事中和事后等不同阶段实时进行连续的现场采样监测。根据突发环境事件在不同阶段的污染变化情况,其监测频次也有所不同。根据现场污染状况及其变化情况,监测频次的确定主要依据以下几点基本原则。

(1)监测频次应根据突发环境事件污染程度确定。在事件发生初期和中期阶段应适当加密监测频次,待确定污染物变化规律或污染物浓度变化趋于稳定后,可逐步减少监测频次。

(2)根据对污染扩散趋势的分析判断,在污染团到达的时间和区域内应适当加密监测频次,未到达和已经过的时间和区域内可以适当减少频次。

(3)根据事件发生地附近的环境敏感点分布,对周围的环境敏感点应适当加密监测频次。

(4)综合分析现场监测能力、监测资源以及点位距离和采样的便利性,以此确定有效的监测频次。尽可能用最少的监测频次获取足够的数据信息,以准确反映污染物的变化趋势。

二、监测频次确定的要求

(一)大气环境事件

事件发生地。事件发生初期,应实施连续监测或在监测能力和条件允许的情况下进行持续加密监测,待污染物浓度逐步下降后相应减少监测频次。

环境敏感点。事件发生初期,在监测能力和条件允许的情况下进行持续加密监测,待污染物浓度逐步下降后相应减少监测频次。

下风向控制点。事件发生初期,在监测能力和条件允许的情况下进行持续加密监测,待污染物浓度逐步下降后相应减少监测频次。

上风向控制点。应急监测期间,每天监测2～3次。

（二）地表水环境事件

江、河污染发生地。事件发生初期,应实施连续监测或在监测能力和条件允许的情况下进行持续加密监测,待污染物浓度逐步下降后相应减少监测频次。

江、河下游控制点。在污染团到达的时间和区域内应适当加密监测频次,未到达和已经过的时间和区域内可以适当减少频次。

湖、库污染发生地及污染水域。由于湖、库的水体较为稳定,采样频次每天可不少于二次。

环境敏感点。在污染团到达的时间和区域内应适当加密监测频次,未到达和已经过的时间和区域内可以适当减少频次。

上游对照点。应急初期每天监测一次,随着污染物浓度逐步下降后相应减少监测频次。

（三）地下水环境事件

地下水污染发生地。事件发生初期每天监测 1～2 次,事件发生中后期可每周监测一次。

地下水流经区域沿线水井。事件发生初期每天监测 1～2 次,事件发生中后期可每周监测一次。

上游对照点。应急初期每天监测一次,随着污染物浓度逐步下降后相应减少监测频次。

（四）土壤环境事件

土壤污染发生地。应急初期每天监测 1～2 次,视应急处置措施进展情况逐步减少频次。

对照点。为了解土壤背景值情况,应急监测期间至少监测一次。

第四节　监测项目的选定

突发环境事件发生的偶然性和成分的复杂性,往往造成污染物种类和性质难以辨别,无法直接确定应急监测项目。因此,在紧急和复杂的突发环境事件现场,如何快速判别污染物,迅速确定应急监测项目,是实施应急监测工作的重点和难点。

一、监测项目的选定方法

现场调查询问是确定污染物和监测项目的主要方法和途径。

（一）已知污染物情况

对于部分固定污染源和移动污染源发生的爆炸、泄漏等污染事件，可通过报警人报告或询问事件当事人，及时掌握事件的主要污染物。此时，可直接将该污染物作为主要监测项目。

（二）未知污染物情况

对于未知的污染物，可通过以下现场调查的方法和途径进行确认。

污染物的特征气味、颜色、挥发性和遇水反应等化学特性。

事件现场周围可能产生污染的排放源的生产、环保、安全记录等。

污染物对周围环境、作物的影响，以及人员或动物中毒后的特殊症状等。

事件现场周围的空气、水质自动监测站和污染源在线监测系统等。

检测试纸、快速检测管、便携（直读）式监测仪器等现场快速分析手段等。

难以现场快速确认的污染物，应快速采集样品，经实验室定性分析后确定。

（三）污染物的衍生物

确定主要污染物后，应同时考虑该污染物在环境中的化学反应，特别是遇水后发生的化学反应等，对可能产生的有毒有害反应副产物、衍生物等一同列入监测项目中。

二、常见应急监测项目

突发环境事件中涉及的污染物和危险化学品种类繁多、成分复杂，现场监测资源和能力有限，应优先选择应急监测项目，具体可以参照以下原则：一是按历史资料统计的引发环境污染事件频率较高、较为常见的污染物；二是生态环境与应急部门明确应严格监管的易燃易爆和毒性较大、危害较大的危险化学品。

（一）常见环境事件污染物

根据统计，近年来山东省各地突发环境事件中所涉及的应急监测项目主要包括大气、水质和土壤等环境要素中的无机污染物、重金属和有机污染物等，大约有 80 项。

（1）大气环境污染事件中常见应急监测项目：一氧化碳、二氧化硫、氮氧化物、颗粒物、二硫化碳、氨、氯气、氯化氢、氟化氢、硫化氢、氯磺酸、氰化物、汞、甲醇、甲醛、乙醇、乙烯、乙酸乙酯、苯、苯系物、萘、苯胺、二甲基硫醚、邻氯氯苄、石油烃类、可燃气体、丙烯腈、非甲烷总烃、挥发性有机物（VOCs）等。

（2）水环境污染事件中常见应急监测项目：水温、色度、溶解氧、悬浮物、溶解性总固体、全盐量、pH、COD、氨氮、总氮、总磷、总硬度、硝酸盐氮、亚硝酸盐氮、钠离子、有机氯农药、邻氯氯苄、硝酸、甲醛、甲醇、氰化物、氯化物、氟化物、硫化物、挥发酚;柴油、汽油等石油类;苯、甲苯、乙苯、二甲苯、二硝基苯、苯并芘、联苯、二联苯醚等苯系物;六价铬、总铬、铁、锰、铜、锌、汞、砷、铅、镉、镍、银、铍等重金属。

(3)土壤环境污染事件中常见应急监测项目:pH、总铬、六价铬、铜、铅、锌、镉。

（二）重点监管危险化学品

为加强对危险化学品的监督管理,生态环境部和原国家安监局分别制定了《重点环境管理危险化学品目录》(环办〔2014〕33号)和《重点监管的危险化学品名录》(首批,安监总管三〔2011〕95号;第二批,安监总管三〔2013〕12号),筛选了部分生产使用量大或者用途广泛的危险化学品,并列入重点监管目录,加强其生产、使用和运输过程中的监督管理。

三、常见污染物的辨别方法

在突发环境事件现场,可以通过污染物的特征颜色、特征气味及在环境中发生的化学反应,初步定性判别污染物的种类。

（一）根据特征颜色或气味判别有机污染物

常见污染物特征颜色或气味判别有机污染物的方法,可参见表5-5。

表5-5 特征颜色或气味判别有机污染物的对照表

序号	颜色或气味	相应的有机化合物
1	黄色	硝基化合物,某些亚硝基化合物(固体通常为淡黄色或无色,也有部分为棕色或绿色;液体有的为无色),某些偶氮化合物(也有红色、橙色、棕色或紫色),氧化偶氮化合物(有的为橙黄色),醌(有的为棕色或红色),新蒸馏出来的苯胺(通常为棕色),醌亚胺类,邻二酮类,芳香族多羟酮类,某些含硫巯基的化合物
2	红色	某些偶氮化合物(也有黄色、橙色、棕色或紫色),某些醌(例如邻位的醌),在空气中放置较久的苯酚
3	棕色	某些偶氮化合物(多为黄色,也有红色或紫色),苯胺(新蒸馏出来的为淡黄色)

序号	颜色或气味	相应的有机化合物
4	绿色或蓝色	液体的 C-亚硝基化合物或其溶液,某些固体的亚硝基化合物(例如 N,N-二甲基对亚硝基苯胺为深绿色)
5	紫色	某些偶氮化合物
6	醚香	乙酸乙酯,乙酸戊醇,乙醇,丙酮
7	芳香(苦杏仁香)	硝基苯,苯甲醛,苯甲腈
8	芳香(樟脑香)	樟脑,百里香酚,黄樟素,丁(子)香酚,香芹酚
9	芳香(柠檬香)	柠檬醛,乙酸沉香酯
10	香酯(花香)	邻氨基苯甲酸甲酯,萜品醇、香茅醇
11	香酯(香草香)	香草醛,对甲氧基苯甲醛
12	香酯(百合香)	胡椒醛,肉桂醇
13	麝香	三硝基异丁基甲苯,麝香精,麝香酮
14	蒜臭	二硫醚
15	二甲胂臭	四甲二胂,三甲胺
16	焦臭	异丁醇,苯胺,枯胺,苯,甲酚,愈创木酚
17	腐臭	戊酸,己酸,甲基庚基甲酮,甲基壬基甲酮
18	麻醉味	吡啶,蒲勒酮(胡薄荷酮)
19	粪臭	粪臭素(3-甲基吲哚),吲哚

(二)部分污染物的特征颜色、气味及化学反应与产物

部分污染物特征颜色、气味及化学反应情况,可参见表 5-6。

表 5-6 部分污染物特征颜色、气味及化学反应情况

类别	序号	污染物	特征颜色、气味	环境中常见化学反应及有害产物
无机化合物类	1	氟气	淡黄色气体,有刺激性气味;液化时为黄色液体	氧化性极强,遇水生成 HF、O_2 及少量过氧化氢、二氟化氧和臭氧

续表

类别	序号	污染物	特征颜色、气味	环境中常见化学反应 及有害产物
无机化合物类	2	液溴	棕红色发烟液体,具有独特窒息感的臭味	与水生成溴化氢和次溴酸,与有机物混合可引起燃烧
	3	氯气	黄绿色、具有异臭的强烈刺激性的有毒气体	有助燃性,许多物质可在氯气中燃烧
	4	臭氧	无色或淡蓝色气体,有青草味道	常温常压下自行分解为氧气。吸入过量对人体有危害
	5	一氧化碳	无色、无臭、无刺激性的气体,有毒	在空气中燃烧时,呈蓝色火焰,极难溶于水
	6	二氧化氮	在低温下为淡黄色,室温下为棕红色,对呼吸器官有刺激性,浓度达 0.12 μL/L 时,会感到有臭味	有助燃性,易溶于水并生成硝酸或硝酸和一氧化氮
	7	二氧化硫	具有强烈辛辣、特殊臭味的刺激性气体	不燃。若遇高热或容器内压增大,会爆炸和开裂
	8	二氧化氯	红黄色气体,有刺鼻气味	易分解发生爆炸,遇热水则分解成次氯酸、氯气、氧气
	9	氨气	一种无色、有强烈臭味的刺激性气体	极易溶于水。氨燃烧时,火焰稍带绿色
	10	氟化氢	具有特殊刺激臭味,水溶液为无色透明至淡黄色冒烟液体	与大多数金属反应生成氢气而引起爆炸
	11	盐酸	无色或微黄发烟液体,有刺鼻的酸味,具有较高的腐蚀性	浓盐酸挥发形成白雾,能与水和乙醇任意混溶
	12	硫化氢	无色,具有臭鸡蛋的臭味,并刺激黏膜。浓度达 1.5 mg/m³ 时就可以用嗅觉辨出;当浓度为 3000 mg/m³ 时,因嗅觉神经麻痹,反而嗅不出来	易燃易爆,微溶于水,与金属化合物产生沉淀

类别	序号	污染物	特征颜色、气味	环境中常见化学反应及有害产物
无机化合物类	13	氰化氢	无色气体或液体,具有苦杏仁气味	剧毒、易燃。弱酸,与碱作用生成盐,其水溶液沸腾时,部分水解而生成甲酸铵
	14	三氢化砷	无色气体,有大蒜气味	剧毒、可燃气体,可溶于水及多种有机溶剂的气体,燃烧(分解)产物为氧化砷
	15	光气	无色气体或烟性液体,有烂干草或苹果气味,浓度较高时气味辛辣	不燃烧,遇水迅速水解生成氯化氢,易溶于多数有机溶剂,浓氨水和各种碱、碱性物质均可对光气进行消毒
	16	三氯化磷	无色液体,具有刺激性	在潮湿空气中可产生盐酸雾
	17	三氯氧磷	无色发烟液体,其蒸汽属刺激性气体	在空气中被水蒸气分解成磷酸和氯化氢,呈烟雾状
	18	硝酸	纯硝酸为无色透明液体,有窒息性刺激气味	易制爆,易溶于水。不稳定,遇光或热分解为二氧化氮变成棕色
	19	次氯酸钠	微黄色(溶液)或白色粉末(固体),有似氯气的气味	有腐蚀性,见光分解
	20	过氧化氢	无色透明液体,有微弱的特殊气味	溶于水、醇、乙醚,不溶于苯、石油醚。一般情况下会缓慢分解成水和氧气
	21	四羰化镍	无色挥发性液体,煤烟气味,蒸汽剧毒	不溶于水,溶于醇等多数有机溶剂。易燃,60 ℃爆炸。受热、接触酸或酸雾会放出剧毒的烟雾。有害燃烧产物为一氧化碳

类别	序号	污染物	特征颜色、气味	环境中常见化学反应及有害产物
无机化合物类	22	重铬酸钾	橙红色三斜晶体,第一类致癌物	高毒,强氧化剂,溶于水。遇强酸或高温时释放出氧气,从而促使有机物燃烧。与硝酸盐、氯酸盐接触剧烈反应,有水时与硫化钠混合能引起自燃。与还原剂、有机物、易燃物如硫/磷或金属粉末等混合可形成爆炸性混合物。具有较强的腐蚀性。燃烧(分解)后可能产生有害的毒性烟雾
	23	金属及其化合物	多种金属化合物具有特殊的颜色,如钡化合物为白色,锌化合物为无色或白色,镉化合物为深棕色或黄色,钴化合物为红色或黑色,铬化合物为绿色、暗红色,钛化合物为白色或无色,铁化合物为黑色、红色、蓝绿色或淡黄色等	—
	24	苯、甲苯、二甲苯	一种具有特殊芳香气味的无色、易挥发和易燃的油状液体	难溶于水,易溶于有机溶剂。可以被卤素、硝基、磺酸基、烃基等取代,生成相应的衍生物。甲苯能被氧化成苯甲酸
	25	苯乙烯	无色、透明、有芳香气味的液体,空气中浓度高时有臭味	易燃,不溶于水。遇酸性催化剂如硫酸、氯化铁、氯化铝等都能产生猛烈聚合,放出大量热量。在大气中易被光解,氧化成苯甲醛、甲醛及少量苯乙醇
	26	硝基苯	黄色油状液体,其蒸汽具有苦杏仁气味	难溶于水,密度比水大,进入水体后沉入水底,具有极高的稳定性。遇明火、高热或与氧化剂接触,有引起燃烧爆炸的危险,燃烧(分解)产物为一氧化碳、二氧化碳、二氧化氮。化学性质活泼,能被还原成重氮盐、偶氮苯等。与硝酸反应强烈

类别	序号	污染物	特征颜色、气味	环境中常见化学反应及有害产物
有机化合物类	27	邻硝基乙苯	淡黄色液体,有苦杏仁及特殊臭气	遇明火、高热可燃。与强氧化剂可发生反应。受高热分解产生有毒的腐蚀性气体。燃烧(分解)产物为一氧化碳、二氧化碳、氧化氮
	28	苯胺	无色或淡黄色油状液体,具有特殊的臭味和灼烧味	有毒,稍溶于水,易溶于乙醇、乙醚等有机溶剂。可燃,与酸类、卤素、醇类、胺类发生强烈燃烧反应,燃烧的火焰会生烟。有害燃烧产物为一氧化碳、氮氧化合物
	29	苯酚、萘酚	无色或淡黄色晶体,具有芳香气味	可燃,可溶,高毒,具强腐蚀性,在空气中久置会变为粉红色苯醌。化学反应能力强。有害燃烧产物为一氧化碳、二氧化碳
	30	4-甲基苯酚	无色晶体,有特殊气味	高毒,具有强腐蚀性。可溶,可燃,燃烧产生刺激烟雾
	31	苯甲酸	白色片状或针状结晶,具有苯甲醛的臭气	微溶于水,易溶于乙醇、乙醚等有机溶剂。遇高热、明火或与氧化剂接触引起燃烧
	32	二硫化碳	无色液体,有烂白菜味	具有极强的挥发性、易燃性和爆炸性。燃烧时伴有蓝色火焰并分解成二氧化碳与二氧化硫。不溶于水,溶于有机溶剂
	33	甲醇	无色、极易挥发性液体,略有酒精气味	有毒,溶于水和多数有机溶剂。高度易燃,其蒸汽与空气混合,能形成爆炸性混合物。醇由甲基和羟基组成,具有醇所具有的化学性质。甲醇可以与氟气、纯氧等气体发生反应,在纯氧中剧烈燃烧,生成水蒸气和二氧化碳

类别	序号	污染物	特征颜色、气味	环境中常见化学反应及有害产物
有机化合物类	34	甲醛	无色透明气体,有刺激性气味	易溶于水和有机溶剂,在空气中能逐渐被氧化为甲酸,是强还原剂。其蒸汽与空气形成爆炸性混合物,遇明火、高热能引起燃烧爆炸。燃烧产物为一氧化碳、二氧化碳
	35	乙醛	无色、易挥发,具有刺激性气味	能跟水、乙醇、乙醚、氯仿等互溶。易燃,有害燃烧产物为一氧化碳、二氧化碳
	36	丁醛	无色透明可燃液体,有窒息性气味	空气中易被氧化成丁酸;能与强氧化剂及许多物质发生氧化、还原、缩合等反应,聚合生成环氧化物
	37	戊二醛	无色清澈液体,味苦,有微弱的甲醛气味	可燃,具有强刺激性。与强氧化剂接触可发生化学反应。其蒸汽比空气重,能在较低处扩散到相当远的地方
	38	丙酮	无色透明液体,有特殊芳香气味	易溶、易燃、易爆、易挥发。与氧化剂能发生强烈反应。有害燃烧产物为一氧化碳、二氧化碳
	39	乙烯酮	无色有毒气体,有与乙酐或氯气类似的气味,或臭味	非常不稳定,低温保存,极易发生聚合反应,生成二聚体二乙烯酮
	40	氯甲酸甲酯	无色、易燃,具有腐蚀性的液体	可分解为光气、氯化氢和其他产物,对呼吸道、眼结膜有强烈的刺激作用
	41	硫酸二甲酯	无色或微黄色,略有葱头气味的油状可燃性液体,其蒸汽对眼和呼吸道有强烈的刺激作用	在 50 ℃或者碱水中易迅速水解成硫酸和甲醇。燃烧产物为一氧化碳、二氧化碳、二氧化硫

续表

类别	序号	污染物	特征颜色、气味	环境中常见化学反应及有害产物
有机化合物类	42	醋酸乙酯	无色、易挥发、低毒，带有芳香气味的液体	易燃，其蒸汽与空气可形成爆炸性混合物。微溶于水，溶于多数有机溶剂。能与某些金属盐类（如氯化锂、氯化钴、氯化锌、氯化铁等）反应
	43	丙烯酸甲酯	有明显酯类气味的无色透明液体，具有强烈的刺激和催泪作用，其味呛鼻如蒜臭	易燃，高于 10 ℃易发生聚合作用。与氧化剂、酸类、碱类反应剧烈，切忌混储
	44	甲苯二异氰酸酯	无色至淡黄色液体，具有强烈的刺激气味	与水反应生成二氧化碳。与胺类、醇、碱类和温水反应剧烈，加热或燃烧分解放出氰化物和氮氧化物
	45	汽油	一种无色或淡黄色的易挥发的略带臭味的油状液体，颜色的改变或臭味的强弱往往取决于含硫量的多少	不溶于水，易燃，具有蒸发性。燃烧（分解）产物为一氧化碳、二氧化碳。其蒸汽比空气重，能在较低处扩散到相当远的地方
	46	三氯甲烷	无色透明液体，具挥发性和强烈芳香味	不燃，质重，易挥发。遇光照逐渐分解而生成剧毒的光气（碳酰氯）和氯化氢
	47	四氯化碳	无色液体，有类似氯仿的微甜气味或醇样气味。有刺激和麻醉作用	不燃烧。高温下可水解生成光气
	48	氯乙烷	无色气体，有乙醚样气味，具有刺激性	微溶于水，可混溶于多数有机溶剂。极易燃烧，燃烧时生成氯化氢，火焰的边缘呈绿色
	49	氯乙烯	无色液体或气体，微弱甜味	易爆，燃烧产物为一氧化碳、二氧化碳、氯化氢
	50	二氯乙烷	无色或浅黄色透明液体，易挥发，具有三氯甲烷气味	可溶于水和大多有机溶剂。有害燃烧产物为一氧化碳、二氧化碳、氯化氢、光气

类别	序号	污染物	特征颜色、气味	环境中常见化学反应及有害产物
有机化合物类	51	四氯乙烷	无色液体,有似三氯甲烷气味	不燃,有毒。遇金属钠及钾有爆炸危险。在接触固体氢氧化钾时加热能逸出易燃气体。遇水促进分解。受高热分解产生有毒的腐蚀性烟气。有害燃烧产物为一氧化碳、二氧化碳、氯化氢
	52	三氯乙烯	无色液体,有似三氯甲烷气味	不溶于水,可燃,有毒,具刺激性。易挥发,空气中被氧化生成光气、一氧化碳、氯化氢和少量二聚物(六氯丁烯)
	53	丁二烯	无色微弱芳香气味气体	稍溶于水,溶于多数有机溶剂。易燃,与空气混合能形成爆炸性混合物。接触热、火星、火焰或氧化剂易燃烧爆炸。若遇高热,可发生聚合反应,放出大量热量而引起容器破裂和爆炸事故。气体比空气重,能在较低处扩散到相当远的地方,遇火源会着火回燃。有害燃烧产物为一氧化碳、二氧化碳
	54	环氧乙烷	无色液体,有醚样气味	易燃,易爆,有毒,易溶于水和大多溶剂。化学性质活泼,可与多数化合物反应。有害燃烧产物为一氧化碳、二氧化碳
	55	过氧乙酸	无色液体,有酸性刺激性气味	溶于水和有机溶剂,属强氧化剂,极不稳定,易爆,可分解为乙酸、氧气
	56	乙腈	无色液体,有芳香气味,蒸汽具有刺激性	易溶,易燃,有害燃烧产物:一氧化碳、二氧化碳、氧化氮、氰化氢

续表

类别	序号	污染物	特征颜色、气味	环境中常见化学反应及有害产物
有机化合物类	57	丙烯腈	无色或淡黄色液体,其蒸汽具有苦杏仁或桃仁气味	易燃,其蒸汽与空气可形成爆炸性混合物。遇明火、高热易引起燃烧,并放出有毒气体。极毒,分解产物为氰化氢
	58	三聚氰酰氯	白色结晶,有刺激气味,系一种催泪性毒物,对呼吸道的刺激作用与氯化氢相似	溶于有机溶剂,微溶于水,遇水及碱易分解成三聚氰酸,同时放出氯化氢气体
	59	甲胺类	一甲胺低于 12.7 mg/m³、二甲胺低于 18.4 mg/m³、三甲胺低于 24.2 mg/m³ 时仅有微臭,长期接触对人无刺激;浓度增高 2～10 倍时,气味加重,有浓烈的鱼腥味,强烈刺激,尤以三甲胺为甚	易燃、易爆、易溶于水,有害燃烧产物为一氧化碳、二氧化碳、氮氧化物
	60	苯肼	白色单斜棱形晶体或油状液体,在空气中渐变黄色,带有酚味	有毒。不溶于冷水,溶于热水和乙醇、醚、苯等多数有机溶剂。遇明火、高热可燃。受热分解放出有毒的氧化氮烟气
有机农药类	61	五氯酚	无色或白色结晶状。类似苯的味道,当受热时有辛辣味	溶于水时生成有腐蚀性的盐酸气;燃烧(分解)产物为一氧化碳、二氧化碳、氯化氢
	62	有机磷杀虫剂	一般具有大蒜臭味,呈黄色或棕色油状的液体	有毒,进入环境后绝大多数品种容易分解失效
	63	倍硫磷	纯品为无色液体,工业品为棕色油状液体,稍带蒜臭味	低毒,在环境条件下,在水中的分解速度第一周为 50%,第二周为 90%,第三周为 100%。燃烧(分解)产物为一氧化碳、二氧化碳、硫化氢、氧化磷、氧化硫

类别	序号	污染物	特征颜色、气味	环境中常见化学反应及有害产物
有机农药类	64	敌百虫	纯品为白色晶体粉末，纯度低时呈膏状或蜂蜜状，具有令人愉快的芳香气味	中毒，可溶于水，有害燃烧产物为一氧化碳、二氧化碳、氯化氢、氧化磷
	65	敌敌畏	纯品为无色，工业品为浅黄色至棕黄色油状液体，具有令人愉快的芳香气味	中毒，室温下水中的溶解度约为 $10\ g/L$，遇明火、高热可燃，受热分解，放出氧化磷和氯化物的毒性气体
	66	对硫磷	纯品为无色、无臭液体或晶体，工业品为棕色结晶或油状液体，有臭味	不溶于水。在碱性介质中迅速地水解；在中性或微性溶液中较为稳定；对紫外光与空气都不稳定。分解产物为氧化磷、氧化硫
	67	甲基对硫磷	纯品为白色结晶性粉末，工业品为黄棕色结晶或油状液体，有臭味	高毒，难溶于水，高温或遇碱易分解，遇明火、高热可燃，有害燃烧产物为一氧化碳、氧化氮、氧化硫、氧化磷
	68	乐果	纯品为白色晶体，工业品为浅黄色棕色乳剂，有樟脑气味	微溶于水，在水溶液中稳定，遇碱液时容易水解，加热转化为甲硫基异构体。遇明火、高热可燃。有害燃烧产物为一氧化碳、氧化硫、氧化氮、氧化磷。与强氧化剂接触发生化学反应
	69	六六六	纯品为白色晶体，工业品为白色或淡黄色无定形固体，有难闻的霉臭味	不溶于水，对酸稳定而极易被碱破坏。在环境中分解周期约 6 个月

第六章　现场采样技术

突发环境事件应急监测的现场采样,是指在应急监测方案确定后,应急监测人员依据方案,在监测点位采集污染样品的过程,是应急监测现场的一个重要环节。

当前,环境监测采样技术方法已针对污染物的不同类型和特性,形成了较为系统的环境监测采样技术方法体系,也开发应用了适合不同采样条件的各种类型的采样器材。突发环境事件的污染往往瞬间爆发,污染程度、范围和扩散情况复杂,污染核心区具有一定的危险性等。因此,应急监测的采样应当针对现场污染实际情况,综合考虑选用合理的采样技术方法,同时应加强对新型采样手段和采样平台的应用,如无人机、无人船等,逐步向应急监测采样的自动化、现代化发展。

第一节　采样的准备

一、制定采样计划

制定采样计划是实施现场采样的一项重要基础性工作。一个内容详细、要求明确的采样计划是做好现场采样工作的重要前提保证。应急监测人员实施现场采样前,应该依据应急监测方案初步制定采样计划,主要包括采样点位、采样频次、监测项目以及采样方法、采样器材、采样人员、任务分工、质量保证措施以及必要的安全防护措施等。必要时,各水、气、土等专项监测组可根据具体现场情况制定更加详细的采样实施计划。

二、采样器材准备

采样器材主要是指采样器、样品容器、样品标签、采样记录、采样记录表格等。在应急监测的采样准备工作中,采样器材还应包括进入污染区域时所必需的安全防护设备、在采样同时所需的必要简易快速检测器材,以及需要实验室测定分析时的样品运输工具。事件发生地附近水、气环境自动监测站等的相关信息资料也需要准备。

各应急监测部门应配备专用的应急监测采样器材。根据有关环境监测技术规范和水、气环境监测分析方法等技术资料,对水质、大气和土壤等的常用应急监测采样器材进行了汇总整理(见表6-1)。

表6-1　常用应急监测采样器材一览表

类别	采样器材
气体采样	直接采样器材:注射器、真空瓶、苏玛罐、采气袋、采气管等
	富集浓缩采样器材:气泡式吸收瓶、冲击式吸收瓶、多孔筛板吸收瓶、滤纸滤膜、填充柱等
水质采样	表层水质采样器材:水桶或瓶子等
	深水采样器材:杆持式分层采水器、单层采水器(瓶)、电动泵式采水器等
	自动采样器材:水质自动采样器
土壤采样	无机物项目采样器材:木铲、木片、竹片、剖面刀、圆状取土钻或铁铲等
	有机物项目采样器材:铁铲、木铲、取土钻或不锈钢铲等
	农药类项目采样器材:铁铲、木铲、取土钻等
新型采样平台	无人机:可搭载电动泵吸式水质和大气采样器,实现应急监测人员无法进入的污染核心区或大江大河等区域的自动采样
	无人船:可搭载电动泵式采水器,实现对江河湖库内点位的水质自动采样

三、采样的注意事项

(1)应急监测采样人员到达现场后,应依据应急监测方案和采样计划,迅速确定采样点位、采样断面。

(2)应急监测的样品采集,应首先采集事发地的污染源样品,同时赶赴事发地周围的各采样点进行采样。

（3）应急监测通常采集瞬时样品,样品采集时应注意采样的代表性。采样量根据分析项目及分析方法确定,还应满足留样要求。

（4）根据污染物的密度、挥发性、溶解度等特性,决定是否进行分层采样,选取合适的采样器材。

（5）根据污染物特性（如有机物、无机物等）,选用不同材质的容器存放样品。

（6）采集水质样品时不可搅动水底沉积物,如有需要应同时采集事故发生地的底质样品。

（7）采集大气样品时不可超过所用吸附管或吸收液的吸收限度。

（8）采集样品后,应将样品容器盖紧、密封,贴好样品标签。

（9）采样结束后,应核对采样计划、采样记录与样品,如有错误或漏采,应立即重新采样或补充采样。

第二节　采样的实施

一、大气样品采集

目前,随着电化学传感器和便携色谱、光谱、质谱等技术的不断发展成熟,大气污染物的应急监测多以现场直读式、便携式的快速监测仪器为主,常规大气样品采集方法在应急监测中的应用已越来越少。但在一些特殊情况下,如遇到难以定性的未知污染物或没有现场分析方法的污染物时,仍然需要采用常规大气样品采集方法采样后,送回实验室进行定性定量分析,作为现场分析仪器的后备或补充。

在大气应急监测采样中,常用的采样方法主要有直接采样法和浓缩采样法两种。其中直接采样包括注射器采样、采气袋采样、采样管采样、真空瓶采样、苏玛罐采样等,浓缩采样包括溶液吸收、滤纸滤膜阻留、固体吸附剂阻留等。常规大气采样方法还有低温冷凝法、静电沉降法、自然积集法、扩散渗透法等,由于这些方法在应急监测现场难以操作实施或难以在应急监测工作中及时有效采集样品,且所涉及监测因子可由其他采样或现场分析方法得出,所以在此不再介绍。

（一）直接采样法和浓缩采样法

1.直接采样法

当空气中污染物浓度较高或所用分析方法的灵敏度较高时,采用直接采样法采取少量空气样品就可满足分析需要。直接采样法具有设备简单、操作简便,采样人员在污染区域停留时间较短,后续设备洗消工作量较小等优点,适用于在事件发生地的污染源及周边污染物浓度较高的区域的样品采集。

直接采样法所用采样器材主要包括注射器、真空瓶、苏玛罐、采气袋、采气管等,所用材质主要包括玻璃、塑料、不锈钢及在各种内壁上涂有的惰性涂层或钝化处理的惰性材质。该类采样器材通过负压引入法(如注射器、真空瓶、苏玛罐)、正压注入法(如采气袋)、流动置换法(如采气管)等,将现场含有污染物的空气引入采样器材中,代表瞬时或短时间内的气体样本。常用采样器材的使用方法如下:

(1)注射器。注射器是一种较为简单、常用的空气采样设备,常用于气相色谱等高灵敏度仪器分析样品的采集。使用前应检查注射器活塞的灵活性与气密性,检查注射器内是否残留其他物质,检查密封帽是否完好,检查完毕排净空气后备用。采样时应先用现场点位空气抽洗 2～3 次,然后抽取大气样品,随即用密封帽密封进气口。

(2)真空瓶。真空瓶是一种较为便捷的空气采样设备,一般为玻璃材质,体积较大,安装有气密性较好的阀门。使用前先用洁净空气或专用设备清洗,再用真空泵或专用设备抽至额定气压,关好阀门备用,带到现场备用。到达预定采样点位后,打开阀门,待瓶内外压力平衡时采样完毕,关闭阀门带回实验室分析。

(3)苏玛罐。苏玛罐是一种用于采集储存大气中 VOCs 的空气采样罐,其材质为特殊的不锈钢,内壁表面经过钝化处理,对 VOCs 的吸附性较低,保证其成分在储存中保持稳定。阀门和传输管线多具有加热功能,确保消除样品驻留。到达事发现场后打开阀门,可方便及时地采集有机污染物样品。苏玛罐一般用于低浓度气体的采集,因为不易清洗而引起本底较高,易给下次测量造成误差。当采集浓度较高气体时,推荐使用 Tedlar 袋。

(4)采气袋。采气袋也是较为常用的气体采样设备,一般由惰性高分子塑胶或树脂原料制成,某些采气袋内壁复合铝箔或其他延展性较好的惰性合金薄膜,用以隔离样品气体与高分子材料,防止吸附污染物质。采气袋使用前应首先检查气密性,充入清洁空气清洗 2～3 次,最后排空采气袋内空气,关闭阀门备用。为便于现场开展采样工作,大多采用人工挤压橡胶双连球的方法正压鼓入现场样品空气,有电源或电瓶条件的可以使用流量适当的正压气泵辅助采样。

(5)采气管。采气管是两端具有旋塞的管式玻璃容器,其容积为 100～500 mL。采样时,打开两端旋塞,将橡胶双连球或负压气泵接在管的一端,迅速抽进比采气管大 6～10 倍的现场空气,使采气管中原有的气体被完全置换出来,关上两端旋塞,采气体积即为采气管的容积。采气管的实际应用效果与真空瓶、采气袋类似,但因需 6～10 倍以上的现场空气流通方能近似达到完全置换的目的,使用效率明显低于真空瓶或采气袋,因此已较少用于空气样品采集。

2.浓缩采样法

当空气中污染物浓度较低,或所用分析方法的灵敏度不高时,需采用浓缩法长时间连续或间歇采集空气样品。浓缩采样法具有采样气流稳定可控、对分析方法灵敏度要求不高等优点,且一般富集采样时间比较长,测得的结果代表采样时段的平均浓度,更能反映大气污染的真实情况。该方法可适用于在事件发生地周围的环境敏感点或周边污染物浓度较低区域的样品采集。

浓缩采样法所用器材主要有吸收瓶,如溶液吸收用的气泡式吸收瓶、冲击式吸收瓶、多孔筛板吸收瓶等,还有滤纸、滤筒、滤膜、固体填充柱等。常用采样器材的使用方法如下。

(1)气泡式吸收瓶。空气在负压带动下通过气嘴进入吸收瓶,形成溶液中的气泡,在气泡和液体的界面上,被测组分的分子由于溶解作用或化学反应,很快地进入吸收液中,气泡中间的分子则由于吸收现象形成的气泡内分子浓度阶梯而快速扩散至气液界面,被溶液吸收。这种吸收瓶一般可装5～10 mL 吸收液,采样流量为 0.5～2.0 L/min,适用于采集气态和蒸汽态物质。对于气溶胶态物质,因不能像气态分子那样快速扩散到气液界面上,故吸收效率较差,因此在监测领域的应用较少。

(2)冲击式吸收瓶。冲击式吸收瓶通常有两种规格可供选择(一种为可装5～10 mL 吸收液、采样流量不超过 3.0 L/min 的小型吸收瓶,另一种为可装50～100 mL 吸收液、采样流量不超过 30 L/min 的大型吸收瓶),也可根据特征污染物需要定制特殊规格。冲击式吸收瓶适宜采集气溶胶态物质,因为该吸收管的进气管喷嘴孔径小,距瓶底又很近,当被采气样快速从喷嘴喷出冲向管底时,气溶胶颗粒因惯性作用冲击到管底被分散,从而易被吸收液吸收。冲击式吸收瓶可以用于有絮状物沉淀的吸收液采样,如硫化氢等,也可进行较污浊空气样品的采集,不易造成气嘴堵塞。

(3)多孔筛板吸收瓶。多孔筛板吸收瓶通常有三种规格可供选择:可装 5～10 mL吸收液的小型吸收瓶,采样流量为 0.1～1.0 L/min;可装 10～30 mL 吸收液的中型吸收瓶,采样流量为 0.5～2.0 L/min;可装50～100 mL 吸收液的大型吸收瓶,采样流量不超过30 L/min。样品空气通过吸收瓶芯的海绵状玻璃材质筛板后,被分散成大量很小的气泡,大大增加了气液接触面积,气态污染物吸收效率明显高于气泡式吸收瓶和冲击式吸收瓶。由于海绵状玻璃材质筛板孔径很小,一旦絮状物或颗粒物进入玻板内部很难清洗干净,也容易造成玻板堵塞,因此不适合有絮状物沉淀的吸收液采样,也不适合采集颗粒物较多的气体样品。

(4)滤纸和滤膜。滤纸和滤膜多用于应急监测时对颗粒物中多环芳烃、重金属元素、某些无机盐等高致病性污染因子的样品采集。常用的有定量滤纸、玻璃纤维滤膜、有机合成纤维滤膜、微孔滤膜、直孔滤膜和浸渍试剂滤膜等,应根据实际应急监测污染物的种类和特性选择使用。

①定量滤纸:具有价格便宜、灰分低、纯度高、机械强度大、不易断裂等优点,但抽气阻力大、孔隙不均匀,主要适用于颗粒物采样。

②玻璃纤维滤膜:具有吸水性小、耐高温、阻力小等优点,机械强度较差,主要适用于可吸入颗粒物、多环芳烃、重金属元素、无机盐等采样。

③有机合成纤维滤膜:具有孔径小、采样效率高等优点,但阻力偏大、吸水性偏高,主要适用于可吸入颗粒物等采样。

④微孔滤膜、直孔滤膜:具有质量轻、杂质含量低、灰分低、可溶于多种有机溶剂等优点,但收集物易从滤膜表面脱落,主要适用于物理指标、溶解后进行化学分析等。

⑤浸渍试剂滤膜:具有特征污染物富集能力,需妥善保存,防止失效,主要适用于硫酸雾、氟化物等采样。

(5)填充柱。空气采样用填充柱一般是用一根长 6～10 cm、内径 3～5 mm 的玻璃管或塑料管,内装颗粒状或纤维状的固体填充剂制成。采样时,让气样以一定流速通过填充柱,则待测组分因吸附、溶解或化学反应等作用被阻留在填充剂上,达到浓缩采样的目的。采样后,填充柱两端戴帽密封后运至实验室,通过解吸或溶剂洗脱,使被测组分从填充剂上释放出来进行测定。根据填充剂阻留作用的原理,可分为吸附型、分配型和反应型三种类型。

①吸附型填充柱:填充剂为颗粒状固体吸附剂,如活性炭、硅胶、分子筛、高分子多孔微球等。

②分配型填充柱:填充剂为表面涂高沸点有机溶剂(如异十三烷)的惰性多孔颗粒物(如硅藻土),类似于气液色谱柱中的固定相,只是有机溶剂的用量比色谱固定相大。

③反应型填充柱:填充剂为在惰性多孔颗粒物(如石英砂、玻璃微球等)或纤维状物(如滤纸、玻璃棉等)表面,能与被测组分发生化学反应的试剂。

(二)常见应急监测项目的样品采集方法

针对应急监测常见的大气污染监测项目,根据环境空气和废气监测分析方法要求,筛选整理了部分常见大气应急监测项目的采样方法(见表6-2)。

表 6-2　常见大气应急监测项目采样方法一览表

序号	项目		采样方法	采气流量	采气量/时间	保存时间	吸收瓶	其他特殊要求	标准
1	NO₂	空气	Saltzman法：①短时间采样（1 h以内）：10 mL吸收液，采用大气综合采样器。②长时间采样（24 h以内）：25.0 mL或50 mL吸收液，采气柱不低于80 mm，采气时吸收液温度保持在(20±4)℃，采用空气采样器	0.4 L/min 0.2 L/min	6~24 L 288 L	尽快分析，否则低温暗处放。30℃暗处8 h；20℃暗处24 h；4℃冷藏3天	多孔玻板吸收瓶	①采样、样品运输和存放过程中时应避光。②气温超过25℃时，长时间运输及存放采样品应采取降温措施。③空气中臭氧浓度超过0.25 mg/m³，采样时在吸收瓶入口端串联15~20 cm长的硅胶管，不干扰NO₂测定水平	GB/T 15435—1995《环境空气 二氧化氮的测定 Saltzman法》
		废气	定点位电解法	0.2 L/min	60 min	—	—	仪器示值稳定后读数	《空气和废气监测分析方法（第四版）》

续表

序号	项目	采样方法	采气流量	采气量/时间	保存时间	吸收瓶	其他特殊要求	标准
2	空气 NOₓ	一、Saltzman 法： ①短时间采样（1 h 以内）：取两支内装 10 mL 吸收液和一支内装 5～10 mL 酸性高锰酸钾溶液的氧化瓶（液柱不低于 80 mm），用尽量短的硅橡胶管串联在两个吸收瓶之间。采用综合采样器 ②长时间采样（24 h）：取两支内装 25 mL 或 50 mL 吸收液（液柱不低于 80 mm）和一支内装 50 mL 酸性高锰酸钾溶液的氧化瓶（液柱不低于 80 mm），用尽量短的硅橡胶管串联氧化瓶在两个吸收瓶之间，采样时将吸收瓶温度保持在（20±4）℃。采用空气采样器 二、三氧化铬—石英砂氧化法： 取一支内装 10 mL 吸收液，用一小段硅橡胶管将氧化管连接在吸收瓶入口端	0.4 L/min 0.2 L/min 0.4 L/min	4～24 L 288 L 4～24 L	尽快分析，否则应在低温暗处存放。气温超过 15 ℃ 时，长时间运输和存放应采取降温措施	多孔玻璃吸收瓶	①采样、运输时应避光 ②氧化瓶因吸湿引起板结或部分变为绿色时，应及时更换氧化管 ③气温超过 25 ℃ 时，长时间运输及存放采样品应采取降温措施 ④空气中臭氧浓度超过 0.25 mg/m³，采样时在吸收瓶入口端串联一段 15～20 cm 长的硅胶管，可排除干扰	GB/T 15436—1995《环境空气氮氧化物的测定 Saltzman 测定法》

续表

序号	项目		采样方法	采气流量	采气量/时间	保存时间	吸收瓶	其他特殊要求	标准
2	NO$_x$	废气	盐酸萘乙二胺分光光度法：大气综合采样器	0.05～0.2 L/min	采气至第二个吸收瓶呈微红色	3～5 ℃冷藏保存，并于24 h内测定完毕	多孔玻板吸收瓶	按顺序串联一个空的多孔玻板吸收瓶，一支氧化管和两个各装75 mL吸收液的多孔玻板褐色吸收瓶作为样品的吸收装置	《空气和废气监测分析方法（第四版）》
3	臭氧	空气	定位电解法	—	—	—	—	仪器示值稳定后读数	《空气和废气监测分析方法（第四版）》
			靛蓝二磺酸钠分光光度法：靛蓝二磺酸钠（0.25 g靛蓝二磺酸钠，溶于水，稀释至500 mL），取25 mL该溶液，用磷酸盐缓冲溶液稀释至1 L）串联采集；大气综合采样	0.5 L/min	5～30 L	室温暗处可放3天	多孔玻板吸收管	①吸收管罩上黑布避光采样。当吸收褪色约60%时，应立即停止采样。当空气中臭氧浓度较低时，可用棕色吸收瓶②采样、运输、存放时严格避光③吸收管间用硅胶管连接	HJ 504—2009《环境空气 臭氧的测定 靛蓝二磺酸钠分光光度法》
4	氨气	空气	纳氏试剂比色法：10 mL吸收液	1.0 L/min	20～30 L	尽快分析。2～5 ℃低温保存可储存7天	冲击式或多孔玻板吸收瓶	—	HJ 533—2009《环境空气和废气 氨的测定 纳氏试剂分光光度法》
		废气	纳氏试剂比色法：50 mL吸收液	0.5～1.0 L/min					

续表

序号	项目		采样方法	采气流量	采气量（时间）	保存时间	吸收瓶	其他特殊要求	标准
5	氟化物	空气	滤膜氟离子选择电极法：①滤膜夹中装入两张磷酸氢钾浸渍滤膜，滤膜夹装入大气综合采样器；②滤膜选用醋酸—硝酸纤维滤膜，孔径在5 μm左右	100～120 L/min	10 m³	存于空干燥器中，6个星期内完成分析	—	样品对折放入塑料袋（盒）中，密封好；滤膜应放在大张定性滤纸上，不得放在玻璃板或搪瓷盘上，于40℃以下烘干	HJ 480—2009《环境空气 氟化物的测定 滤膜采样氟离子选择电极法》
		废气	50 mL 吸收液（0.3 mol/L NaOH溶液）串联；大气综合采样器	0.5～2.0 L/min	5～20 min	7天	多孔玻板吸收瓶	—	《空气和废气监测分析方法（第四版）》、HJ/T 67—2001《大气固定污染源 氟化物的测定 离子选择电极法》
6	苯胺类	空气和废气	盐酸萘乙二胺分光光度法：引气管（内装玻璃纤维滤料）；20 mL 或 50 mL 吸收（0.01 mol/L 硫酸溶液）；大气综合采样器	0.5～1.0 L/min	5～20 min	避光保存，两天内完成分析。2～5℃可存放7天	多孔玻板吸收瓶	①选择棕色吸收管，采样、运输时避光；②引气管为聚四氟乙烯管，引气管前端带有玻璃纤维滤料	—
7	硝基苯类	空气和废气	锌还原—盐酸萘乙二胺分光光度法：引气管（内装玻璃纤维滤料）；20 mL 或 50 mL 吸收液（乙醇）；大气综合采样器	0.5～1.0 L/min	5～20 min	避光保存，2～5℃存放，2天内分析完毕	多孔玻板吸收管	选用棕色吸收管，采样引气管；内径6～7 mm，引气管前段带有玻璃纤维滤料	GB/T 15501—1995《空气质量 硝基苯类（一硝基和二硝基化合物）的测定 锌还原—盐酸萘乙二胺分光光度法》

续表

序号	项目		采样方法	采气流量	采气量/时间	保存时间	吸收瓶	其他采样要求	标准
8	总烃	空气	气相色谱法：100 mL 注射器	—	—	样品当天分析	—	在人的呼吸高度用待测空气清洗注射器3次 抽取100 mL样品用橡皮帽密封注射器进口	HJ 604—2017《环境空气 总烃、甲烷和非甲烷总烃的测定 直接进样—气相色谱法》
9	甲醛	空气	便携式甲醛测定仪器法、酚试剂分光光度法：5 mL 吸收液（酚试剂）；大气综合采样器	0.5 L/min	10 L	2～5℃存放，2天内分析完毕，以防止甲醛被氧化	气泡吸收管	尽量选用棕色吸收管，样品运输、存放时应避光	GB/T 50325—2020《民用建筑工程室内环境污染控制标准》；GB/T 18883—2002《室内空气质量标准》；《空气和废气监测分析方法（第四版）》
		废气	乙酰丙酮分光光度法：50 mL 吸收液（水）	0.5～1.0 L/min	5～20 min		多孔玻板吸收管		
10	苯系物	空气	气相色谱法：大气综合采样器；活性炭采样管	0.2～0.6 L/min	20～120 min	避光保存，尽快分析；4℃冷藏保存		采样后采样管两端密封，采样时采样管应垂直向上进行采样	GB/T 14677—1993《空气质量 甲苯、二甲苯、苯乙烯的测定 气相色谱法》；《空气和废气监测分析方法（第四版）》
		废气	活性炭采样管，如浓度过高可以使用针筒或气袋	—	采集工艺尾气时控制在5 min内				

续表

序号	项目		采样方法	采气流量	采气量/时间	保存时间	吸收瓶	其他特殊要求	标准
11	CO	空气	非分散红外法：双联球和止水夹；采气袋	—	100~500 L	24 h内分析	—	用待测空气清洗采气袋 3~4 次	GB 9801—1988《空气质量 一氧化碳的测定 非分散红外法》
		废气	定位电解法	—	—	—	—	仪器示值稳定后读数	《空气和废气监测分析方法（第四版）》
12	SO_2	空气	HCHO-PRA法：短时间采样，10 mL 吸收液 大气综合采样器	0.5 L/min	40~60 min	24 h 内分析	多孔玻板吸收管	采样时吸收液应保持在23~29 ℃范围，样品运输、储存过程中避光	HJ 482—2009《环境空气 二氧化硫的测定 甲醛吸收—副玫瑰苯胺分光光度法》
			24 h采样，50 mL 吸收液，恒温[(20±4) ℃]自动采样器	0.2~0.3 L/min	24 h				
		废气	定电位电解法	—	—	—	—	仪器示值稳定后读数，测定结束后继续吹扫仪器传感器，直到稳定显示为零	HJ/T 57—2000《固定污染源排气中二氧化硫的测定 电极电位法》;《空气和废气监测分析方法（第四版）》

续表

序号	项目		采样方法	采气流量	采气量/时间	保存时间	吸收瓶	其他特殊要求	标准
13	氰化氢	空气	5 mL 吸收液；大气综合采样器	0.5 L/min	30~60 min	当天分析，否则应2~5℃密封保存，保存期不超过48 h	多孔玻板吸收管	采样管为不锈钢、硬质玻璃或聚四氟乙烯。加热至120℃以上。采样人员必须两人以上，戴好防毒面具。采样、运输和储存时避光	HJ/T 28—1999《固定污染源排气中氰化氢的测定 异烟酸-吡唑啉酮分光光度法》
		废气	异烟酸-吡唑啉酮分光光度法：20 mL 吸收液；烟气采样器串联；大气综合采样装置，采样管头部塞适量无碱玻璃棉	0.5 L/min	10~30 min				
14	氯气	空气	甲基橙分光光度法：10 mL 吸收液串联；大气综合采样器	0.6 L/min	吸收液如不褪色，采集60 min	常温15天	多孔玻板吸收管	采样管以硬质玻璃或氟树脂为材质。现场采样时，如氯气浓度较高，操作人员应在上风向并戴好防毒面具	HJ/T 30—1999《固定污染源排气中氯气的测定 甲基橙分光光度法》
		废气	烟气采样器串联；大气综合采样器	0.2 L/min					
15	氯苯类	空气	气相色谱法；富集柱；大气综合采样器	2~3 L/min	100~200 L	样品于富集柱中可保存2天，经洗脱后应及时分析	—	采好样的富集柱用有衬里氟塑料薄膜的橡皮帽后密封	HJ/T 39—1999《固定污染源排气中氯苯类的测定 气相色谱法》
		废气	气相色谱法；大气综合采样装置除湿装置	1.0 L/min	10~20 L				

续表

序号	项目		采样方法	采气流量	采气量/时间	保存时间	吸收瓶	其他特殊要求	标准
16	乙醛	废气	气相色谱法：烟气采样装置，5 mL 吸收液；大气综合采样器，采样管	0.3～0.5 L/min	视情况定，但不得低于5 L	尽快分析。否则，在常温下避光保存至少可保存6天	多孔玻板吸收瓶	较高气温下，连续长时间采集环境空气中乙醛时，需使吸收液体积维持在5 mL。连接管要尽可能短	HJ/T 35—1999《固定污染源排气中乙醛的测定 气相色谱法》
		空气	气相色谱法：5 mL 吸收液；大气综合采样器	1.0 L/min	100 L 以上				
17	甲醇	废气	气相色谱法（头部塞适量玻璃棉）和注射器	—	—	尽快分析，否则干冰箱中3～5 ℃冷藏，7 天分析完毕	气泡吸收管	用待测气体清洗注射器5～6次。密封注射器口	HJ/T 33—1999《固定污染源排气中甲醇的测定 气相色谱法》
		空气	100 mL 注射器，串联两只5 mL 重蒸水气泡吸收管	150 mL/min	2～3 h				《空气和废气监测分析方法（第四版）》
18	丙烯醛	废气	气相色谱法（头部塞适量玻璃棉），注射器或采气袋	—	—	废气样品避光保存48 h 内分析。空气样品应4 h 内分析	—	用待测气袋气袋6次，气袋或铝箔复合膜气袋	HJ/T 36—1999《固定污染源排气中的丙烯醛的测定 气相色谱法》
		空气	注射器或采气袋	—	100 L 以上				《空气和废气监测分析方法（第四版）》

96

续表

序号	项目		采样方法	采气流量	采气量/时间	保存时间	吸收瓶	其他特殊要求	标准
19	丙烯腈	废气	气相色谱法：烟气采样装置（采样管内塞适量玻璃棉），活性炭吸附管，大气综合采样器	0.3～1.0 L/min	采样1 h或视空气中丙烯腈浓度而定	吸附管两端密封避光保存，低温下（8℃以下）保存最多7天	—	温度高于30℃时，降低采样流速，不超过0.5 L/min。连接采样用聚四氟乙烯管，采样管采用不锈钢、硬质玻璃或聚四氟乙烯管。采样管应垂直于地面，令空气自上而下通过采样管	HJ/T 37—1999《固定污染源排气中丙烯腈的测定 气相色谱法》
		空气	活性炭吸附管，大气综合采样器						《空气和废气监测分析方法（第四版）》
20	甲烷和非甲烷总烃	空气和废气	气相色谱法：真空瓶和注射器	—	真空瓶：1 L 注射器：100 mL	样品避光保存，尽快分析，一般放置不超过12 h	—	注射器在采样前用样品气反复抽洗三次。真空瓶使用前用3.3 mol/L磷酸溶液洗涤，去离子水洗净，干燥后用氮气置换	HJ/T 38—1999《固定污染源排气中非甲烷总烃的测定 气相色谱法》《空气和废气监测分析方法（第四版）》
21	硫酸雾	空气	离子色谱法：大气综合采样器	100 L/min	60 min		—		《空气和废气监测分析方法（第四版）》
		废气	烟尘采样系统超细玻璃纤维滤筒	等速采样	5～30 min			采样后，采样管等采样设备应立即用稀NaHCO₃溶液及自来水冲淋，晾干防腐	
22	酚类化合物	废气	4-氨基安替比林分光光度法：烟气采样装置（采样管头部塞无碱玻璃棉）25 mL冲击式	1 L/min	10～30 min	最好当天分析。至温不超过25℃，干扰影响不大时，碱性样品可存3天	冲击式吸收瓶	采样完毕后取出采样管头部脱脂棉，置于一清洁干燥的玻璃瓶中，带回实验室分析	HJ/T 32—1999《固定污染源排气中酚类化合物的测定 4-氨基安替比林分光光度法》
		空气	50 mL冲击式吸收瓶串联，大气综合采样器	1 L/min	60 min				

续表

序号	项目		采样方法	采气流量	采气量/时间	保存时间	吸收瓶	其他特殊要求	标准
23	HCl	废气	离子色谱法：烟气采样装置，5 mL 吸收液，3 μm 微孔滤膜，引气管、滤膜夹	0.5 L/min	15～30 min	样品密封后置于冰箱 3～5 ℃保存，保存期不超过 48 h	多孔玻板吸收瓶	采样管与吸收瓶间用硅橡胶管连接，不可用乳胶管	《空气和废气监测分析方法（第四版）》
		空气	大气综合采样器：0.3 μm 微孔滤膜，引气管、滤膜夹，10 mL吸收液	1 L/min	30～60 min				
24	H₂S	空气	亚甲基蓝分光光度法：10 mL 吸收液，大气综合采样器	1.0 L/min	30～60 min	避光保存 8 h	大型气泡吸收管	采样时应加黑布罩，运输及保存时应避光。若废气中硫化氢浓度较高时，宜以 0.2～0.3 L/min流量采样	《空气和废气监测分析方法（第四版）》
		废气	烟气采样装置，10 mL 吸收液，大气综合采样器	0.5 L/min	20～40 min				
25	铬酸雾	空气	二苯基碳酰二肼分光光度法：5 mL 吸收液，大气综合采样器	0.5 L/min	30～60 min	空气样密封保存。废气样密封保存 7 天	多孔玻板吸收瓶	采样结束后用聚四氟乙烯薄膜封住吸收管进出口，再用乳胶管将进出口密封	HJ/T 29—1999《固定污染源排气中铬酸雾的测定 二苯基碳酰二肼分光光度法》
		废气	烟尘采样系统、玻璃纤维滤筒	等速采样	—				

续表

序号	项目		采样方法	采气流量	采气量/时间	保存时间	吸收瓶	其他特殊要求	标准
26	铅	空气	火焰原子吸收分光光度法：大气综合采样器，玻璃纤维滤膜	50~150 L/min	30~60 min	—		尘面朝里对折两次封好。滤筒（膜）用前以热 HNO$_3$ 液浸泡 3 h，在去离子水中浸泡 10 min，再用水淋洗至中性，烘干后使用	GB/T 15264—1994《环境空气 铅的测定 火焰原子吸收分光度法》,《空气和废气监测分析方法（第四版）》
		废气	烟尘采样系统，超细玻璃纤维系统	等速采样	10~30 min				
27	汞	废气	原子荧光分光光度法：烟气采样装置，10 mL吸收液串联，大气综合采样器	0.3 L/min	5~30 min	—	大型气泡吸收管	汞浓度较高时，可使用大型冲击式吸收瓶。采样管与吸收管之间用聚乙烯收管连接，接口处用聚四氟乙烯生料带密封	《空气中有害物质的测定方法（第二版）》
28	铍	空气	石墨炉原子吸收分光光度法：大气综合采样器，过氯乙烯滤膜（φ8 cm）	50~150 L/min	30~60 min	—		采样时，严格遵守铍作业安全防护规定，以防铍中毒	《空气和废气监测分析方法（第四版）》
29		废气	烟尘采样系统，超细玻璃纤维系统滤筒	等速采样	10~30 min				
30	铜锌锰铬	空气	原子吸收分光光度法：大气综合采样器，过氯乙烯滤膜（φ8 cm）	100 L/min	60 min	—		同铅的特殊要求	《空气和废气监测分析方法（第四版）》

续表

序号	项目		采样方法	采气流量	采气量/时间	保存时间	吸收瓶	其他特殊要求	标准
31	镉	空气	火焰原子吸收分光光度法：石墨炉原子吸收分光光度法，大气综合采样器，过氯乙烯滤膜	100 L/min	60 min	—	—		HJ/T 64.1—2001《大气固定污染源 镉的测定 火焰原子吸收分光光度法》HJ/T 64.2—2001《大气固定污染源 镉的测定 石墨炉原子吸收分光光度法》
		废气	烟尘采样系统，超细玻璃纤维滤筒	等速采样	10~30 min			同镉的特殊要求	
32	锡	空气	原子吸收分光光度法：大气综合采样器，过氯乙烯滤膜（φ8 cm）	100 L/min	60 min	—	—	同铅的特殊要求	HJ/T 65—2001《大气固定污染源 锡的测定 石墨炉原子吸收分光光度法》
		废气	烟尘采样系统，超细玻璃纤维滤筒	等速采样	10~30 min				
33	砷	空气	原子吸收分光光度法：大气综合采样器，过氯乙烯滤膜（φ8 cm）	50~70 L/min	10~15 min	—	—	同铅的特殊要求	《空气和废气监测分析方法（第四版）》

续表

序号	项目		采样方法	采气流量	采气量/时间	保存时间	吸收瓶	其他特殊要求	标准
34	镍	空气	原子吸收分光度法：大气综合采样器，过氯乙烯滤膜(ϕ8 cm)	100 L/min	60 min	—			HJ/T 63.1—2001《大气固定污染源 镍的测定 火焰原子吸收分光度法》
		废气	烟尘采样系统、超细玻璃纤维滤筒	等速采样	10~30 min			同铅的特殊要求	HJ/T 63.2—2001《大气固定污染源 镍的测定 石墨炉原子吸收分光度法》
35	TVOC	空气和废气	热解析/毛细管气相色谱法：大气综合采样器，VOC气体检测仪	0.5 L/min	20 L	采样后密封15天	苏玛罐或内壁抛光不锈钢采样管	与空气采样器入气口垂直连接，采样后密封	GB/T 18883—2002《室内空气质量标准》
36	臭气浓度	空气和废气	三点比较式臭袋法：真空瓶、气袋采样			避光保存24 h	—	用抽气泵将采样瓶排气至气瓶内压力接近负100 kPa	GB/T 14675—1993《空气质量 恶臭的测定 三点比较式臭袋法》
	醋酸	空气	气相色谱法：大气综合采样器，10 mL吸收液串联	1 L/min	50 min	尽快分析	冲击式吸收瓶	—	《空气中有害物质的测定方法（第二版）》

续表

序号	项目		采样方法	采气流量	采气量/时间	保存时间	吸收瓶	其他特殊要求	标准
37	六价铬	空气	二苯碳酰二肼光度法：大气综合采样器，0.8 μm 超细玻璃纤维滤膜	50～150 L/min	20～30 min	尽快分析	—	—	《空气中有害物质的测定方法（第二版）》
38	丙酮	空气和废气	气相色谱法：针筒采样	—	100 mL	尽快分析	—	—	《空气和废气监测分析方法（第四版）》
39	乙腈	空气和废气	气相色谱法：针筒采样	—	100 mL	尽快分析	—	—	《空气中有害物质的测定方法（第二版）》
40	有机硫化合物	空气和废气	气相色谱法：空气、气袋或真空瓶采样；废气、气袋或真空瓶采样	—	—	尽快分析，24 h 内分析	—	用待测气体清洗三次后，在 1～3 min 内使样品气体充满气袋	GB 14678—1993《空气质量 硫化氢、甲硫醇、甲硫醚和二甲二硫的测定 气相色谱法》

续表

序号	项目		采样方法	采气流量	采气量/时间	保存时间	吸收瓶	其他特殊要求	标准
41	丙酮	空气和废气	气相色谱法：针筒采样	—	100 mL	尽快分析	—	—	《空气和废气监测分析方法（第四版）》
42	乙腈	空气和废气	气相色谱法：针筒采样	—	100 mL	尽快分析	—	—	《空气中有害物质的测定方法（第二版）》
43	吡啶	空气和废气	气相色谱法：10 mL 吸收液，大气综合采样器	0.3～0.5 L/min	1～20 L	尽快分析	多孔玻板吸收瓶	运输途中应避免激烈振荡，并在冰箱中低温保存	《空气和废气监测分析方法（第四版）》

二、水质样品采集

水质采样是应急监测中一项非常重要的工作环节。在目前的水质应急监测中,虽然许多便携式、直读式现场监测仪器已得到广泛应用,但受现场环境条件限制和不同监测项目所用测试仪器的操作要求,许多现场测试工作仍然需要在样品采集后再集中开展进行。

在水环境应急监测中,突发环境事件污染源的污染物排放没有固定规律,污水的浓度和流量都随时间、地点的改变而呈非稳态变化。对此,在通常情况下,应急监测时应采集瞬时样品,即从水体中不连续地随机(就时间和地点而言)采集样品,以掌握污染物浓度的最高值、最低值和变化数据,从而在较短时间内确定水体污染范围、程度和扩散趋势,为及时掌握水质变化规律、采取应急处理措施提供数据支持。在特殊情况下,如对影响事件处置判断的重要监测项目,应采集现场平行样,同时进行现场快速测定和实验室分析,且采样量应满足留样要求。

(一)不同水体的样品采样方法

下面针对不同水体的采样,分别介绍水质应急监测采样主要注意事项。

1.污水的采样

(1)从容器、储罐、废水池等处取样:对盛有废液的小型容器,采样前应先充分搅匀,然后取样。对污染物分布不均匀的大型储罐或废水池,根据具体情况,可多点分层采样。可采用自制的负重架,架内固定聚乙烯塑料样品容器,沉入废水中采样。

(2)从管道、水渠等落水口处取样:从管道、水渠等落水口处取样,直接用容器或聚乙烯桶,要注意悬浮物质分取均匀。

(3)从排污管道中取样:在排污管道中采样,由于管道壁的滞留作用,同一断面不同部位流速有差异,污染物分布不均匀,浓度相差颇大。因此当排污管道水深大于 1 m 时,可由表层起向下到 1/4 深度处采样,作为代表平均浓度的废水样;当小于或等于 1 m 时,只取 1/2 深度的废水样即可。

2.地表水的采样

(1)采样时不可搅动水底的沉积物。

(2)采样时应保证采样点的位置准确,必要时使用定位仪(如 GPS)定位。

(3)如采样现场水体很不均匀,无法采到有代表性的样品,则应详细记录不均匀的情况和实际采样情况,供使用该数据者参考,并将此现场情况向生态环境主管部门反映。

（4）测定油类的水样，应在水面至 300 mm 处采集柱状水样，并单独采样，全部用于测定，并且采样瓶（容器）不能用采集的水样冲洗。

（5）测溶解氧、生化需氧量和有机污染物等项目时，水样必须注满容器，上部不留空间，并有水封口。

（6）如果水样中含沉降性固体（如泥沙等），则应分离除去。分离方法为：将所采水样摇匀后倒入筒形玻璃容器（如 1～2 L 量筒），静置 30 min，将不含沉降性固体但含有悬浮性固体的水样移入盛样容器并加入保存剂。测定水温、pH、环境监测氧参数（DO）、电导率、总悬浮物和油类的水样除外。

（7）测定湖库水的化学需氧量（COD）、高锰酸盐指数、叶绿素 a、总氮、总磷时，水样静置30 min后，用吸管一次或几次移取水样，吸管进水尖嘴应插至水样表层50 mm以下位置，再加保存剂保存。

（8）测定油类、生化需氧量（BOD_5）、DO、硫化物、余氯、粪大肠菌群、悬浮物、放射性等项目时，应单独采样。

3.地下水的采样

（1）从井水采集水样，必须在充分抽汲洗井后进行，以保证水样能代表地下水源。

（2）采取自来水或抽水设备中的水样时，应先放水数分钟，使积留在水管中的杂质及陈旧水排出后再取样。

（3）对于自喷的泉水，可在涌口处直接采样。采集不自喷泉水时，将停滞在抽水管的水汲出，新水更替之后再进行采样。

（二）不同项目的样品采集方法

对于不同的应急监测项目，应根据污染物特性，采取不同的样品采集方法。水质常见指标采样方法如表 6-3 所示。

表 6-3　水质中常见 109 项指标采样方法汇总表

编号	项目	采样容器	固定剂	水样添加	保存期	参照标准
1	水温（℃）	—	—	—	—	现场测定
2	pH（无量纲）	G,P	—	250 mL	12 h	—
3	溶解氧	溶解氧瓶	加入 1 mL 硫酸锰和 2 mL 碱性 KI 叠氮化钠溶液	250 mL，要注意不使水样曝气或泡残存在采样瓶中	24 h	—
4	高锰酸盐指数	G	加 H_2SO_4，pH 为 1~2，保存时间超过 6 h，则需置于暗处，0~5 ℃保存	>100	2 天	GB 11892—1989
5	化学需氧量（COD）	G	加 H_2SO_4，pH<2，4℃下保存	>100 mL	5 天	GB 11914—1989
6	五日生化需氧量（BOD$_5$）	溶解氧瓶	0~4 ℃暗处运输和保存	250 mL	12 h	HJ 505—2009
7	氨氮（NH$_3$-N）	G,P	加 H_2SO_4，pH<2	250 mL	24 h，酸化后 2~5 ℃下可保存 7 天	HJ 535—2009
8	总磷（以 P 计）	G	500 mL 中加入 1 mL 的 H_2SO_4，pH≤1	250 mL	24 h	GB 11893—1989
9	总氮（湖，库，以 N 计）	G,P	加 H_2SO_4 调节 pH 为 1~2	250 mL	常温 7 天；−20 ℃冷冻，可保存 1 个月	HJ 636—2012
10	铜	P	加适量 HNO$_3$，使 pH<2	250 mL	14 天	HJ 700—2014
11	锌	P	加适量 HNO$_3$，使 pH<2	250 mL	14 天	HJ 700—2014

续表

编号	项目	采样容器	固定剂	水样添加	保存期	参照标准
12	氟化物（以F⁻计）	G，P	采样后经过 0.45 μm 滤膜过滤	250 mL	G 48 h，P 30 天	HJ/T 84—2001
13	硒	G，P	加适量 HNO₃，使 pH<2	250 mL	14 天	HJ 700—2014
14	砷	G，P	加适量 HNO₃，使 pH<2	250 mL	14 天	HJ 700—2014
15	汞	G，P	如水样为中性，1 L 水样中加入 5 mLHCl	250 mL	14 天	HJ 694—2014
16	镉	G，P	加适量 HNO₃，使 pH<2	250 mL	14 天	HJ 700—2014
17	铬（六价）	G，P	NaOH，pH 8～9	250 mL	14 天	《水利废水监测分析方法（第四版）》
18	铅	G，P	加适量 HNO₃，使 pH<2	250 mL	14 天	HJ 700—2014
19	氰化物	G，P	立即用 NaOH 固定，一般每升水加 0.5 g 固体 NaOH，pH>12。及时测定	500 mL，用所采水样淋洗三次	及时测定，若未能及时测定，将样品 4 ℃以下冷藏，并在采样后 24 h 分析	HJ 484—2009
20	挥发酚	G	①采样现场用淀粉—碘化钾试纸检测样品中有无氧化剂的存在，若试纸变蓝应及时加入过量硫酸亚铁去除　②采集后直接加磷酸酸化至 pH 约 4.0，并加入适量硫酸铜使样品中硫酸铜浓度为 1 g/L　③采样后应在 4 ℃冷藏	>500 mL	24 h	HJ 503—2009

续表

编号	项目	采样容器	固定剂	水样添加	保存期	参照标准
21	石油类	棕色 G	加 HCl，pH≤2，2～5 ℃保存	1000 mL	24h 内测定，若未能及时测定，将样品在 2～5 ℃冷藏，3 天内分析	HJ 637—2012
22	阴离子表面活性剂	G（事先经甲醇清洗）	4 ℃冷藏 加入 1%（V/V）的 40%（V/V）的甲醛溶液 氯仿饱和水样	250 mL	24 h 4 天 8 天	GB/T 7494—1987
23	硫化物	棕色 G	①采样时先加乙酸锌—乙酸钠溶液，再加水样，通常每升水中加入 NaOH（4g/100 mL）1 mL、乙酸锌—乙酸钠溶液 2 mL。硫化物含量较高时应多加固定剂直至沉淀完全 ②每升水中加入 5% 抗坏血酸 5 mL	250 mL，采样时防止曝气，水样应充满瓶，瓶塞下不留空气	7 天	HJ 1226—2021
24	粪大肠菌群（个/L）	G	加入硫代硫酸钠至 0.2～0.5 g/L，4 ℃避光保存	250 mL	12 h	HJ/T 347—2007
25	硫酸盐（以 SO$_4^-$计）	G，P	采样后经过 0.45 μm 滤膜过滤	250 mL	30 天	HJ/T 84—2001
26	氯化物（以 Cl$^-$计）	G，P	采样后经过 0.45 μm 滤膜过滤	250 mL	G 48h， P 30 天	HJ/T 84—2001

续表

编号	项目	采样容器	固定剂	水样添加	保存期	参照标准
27	硝酸盐(以 N 计)	G,P	采样后经过 0.45 μm 滤膜过滤	250 mL	24 h	HJ/T 84—2001
28	铁	G,P	加适量 HNO₃,使 pH<2	250 mL	14 天	HJ 700—2014
29	锰	G,P	加适量 HNO₃,使 pH<2	250 mL	14 天	HJ 700—2014
30	三氯甲烷	棕色 G	采样前每个瓶中加入 25 mg 抗坏血酸;采样时,水样呈中性时向瓶中加入 0.5 mL 盐酸溶液(1+1),水样呈碱性时加入适量盐酸溶液(1+1),使水样 pH≤2。当水样加入盐酸后产生大量气泡,需弃去该样品,重新采样,并注明未酸化。样品高需冷藏运输;实验室 4 ℃下保存	40 mL 棕色顶空瓶,使样品充满容器,不留空间,加盖密封	未酸化样品 24 h,酸化样品保存 14 天	HJ 639—2012
31	四氯化碳					
32	三溴甲烷					
33	二氯甲烷					
34	1,2-二氯乙烷					
35	环氧氯丙烷					
36	氯乙烯					
37	1,1-二氯乙烯					
38	1,2-二氯乙烯					
39	三氯乙烯					
40	四氯乙烯					
41	氯丁二烯					
42	六氯丁二烯					
43	苯乙烯					

续表

编号	项目	采样容器	固定剂	水样添加	保存期	参照标准
44	甲醛	G,P	每升水样中加入 1 mL 的 H_2SO_4，pH≤2	40 mL，采集时应使水样从瓶口溢出后盖上瓶塞塞紧	24 h	HJ 601—2011
45	乙醛	G	—	40 mL	24 h	GB/T 5750.2—2006
46	丙烯醛	G	4℃冰箱中保存	50 mL，水样应充满瓶子，加盖瓶塞，不得有气泡	24 h	《水和废水监测分析方法（第四版）》
47	三氯乙醛	G	2~5℃下保存	250 mL	72 h	HJ/T 50—1999
48	苯	棕色 G	采样前每个瓶中加入 25 mg 抗坏血酸。采样时，水样中呈中性时向瓶中加入 0.5 mL 盐酸溶液（1+1），水样呈碱性时加入适量盐酸溶液（1+1），使样品 pH≤2。当水样加入盐酸后产生大量气泡，需弃去该样品，重新采样，并注明实验室不应加盐酸溶液冷藏运输，样品需冷藏至 4℃下保存	40 mL 棕色顶空瓶，使样品充满容器，不留空间，加盖密封	未酸化样品 24 h，酸化样品保存 14 天	HJ 639—2012
49	甲苯					
50	乙苯					
51	二甲苯					
52	异丙苯					
53	氯苯					
54	1,2-二氯苯					
55	1,4-二氯苯					

续表

编号	项目	采样容器	固定剂	水样添加	保存期	参照标准
56	三氯苯	G	4 ℃保存并加入 0.1%水样量的浓硫酸	500 mL	采样后应尽快萃取，若当天不能萃取，添加固定剂并在 4 ℃下可保存 4 天，经过萃取取后的样品可在 4 ℃下保存 40 天	GB/T 5750.8—2006
57	四氯苯					
58	六氯苯					
59	硝基苯	1～4 L 棕色聚四氟乙烯衬垫的螺口玻璃瓶	如有余氯存在，每 1000 mL 水中需要加入 80 mg 硫代硫酸钠，4 ℃冷藏	1～4 L，采样时不要用水样预洗采样瓶，水样充满样品瓶并加盖密封	7 天萃取，40 天分析完毕	HJ 716—2014
60	二硝基苯					
61	2,4-二硝基甲苯					
62	2,4,6-三硝基甲苯					
63	硝基氯苯					
64	2,4-二硝基氯苯					
65	2,4-二氯苯酚	棕色 G	如有余氯存在，每 1000 mL 水中需要加入 80 mg 硫代硫酸钠。用硫酸溶液(1+1)将水样调节至 pH≤2，4 ℃避光保存	1000 mL，采样时不能用水样预洗采样瓶，水样充满采样瓶	若不能及时测定，应在 7 天内萃取，萃取液在 4 ℃下避光保存，20 天内分析完毕	HJ 744—2015
66	2,4,6-三氯苯酚					
67	五氯酚	G	—	500 mL	24 h，若不能及时测定，保存在 4 ℃下冰箱中，2 周内测定	GB 11889—1989
68	苯胺					

续表

编号	项目	采样容器	固定剂	水样添加	保存期	参照标准
69	联苯胺	G	—	1000 mL	24 小时,若不能及时测定,保存在 4 ℃ 下冰箱中,2 周内测定	GB/T 5750.8—2006
70	丙烯酰胺	G	—	1000 mL	萃取后放冰箱可保存 7 天	GB/T 5750.8—2006
71	丙烯腈	G	2～5 ℃ 保存	50 mL。水样应充满瓶子,加盖瓶塞,不得有气泡	24 h	HJ/T 73—2001
72	邻苯二甲酸二丁酯	G	加入抗坏血酸 0.01～0.02 mg	1000 mL	24 h	《水利废水监测分析方法(第四版)》
73	邻苯二甲酸二(2-乙基己基)酯	G	加入抗坏血酸 0.01～0.02 mg	1000 mL	24 h	《水利废水监测分析方法(第四版)》
74	水合肼	G	1 L 水中加入 91 mL 的 HCl,使酸度为 1 mol/L,冰箱中保存	1000 mL	10 天	GB/T 5750.8—2006
75	四乙基铅	P	—	1000 mL	—	GB/T 5750.6—2006

续表

编号	项目	采样容器	固定剂	水样添加	保存期	参照标准
76	吡啶	G	2~5 ℃冰箱保存	50 mL,采样前用水样冲洗采样瓶 2~3 次,将水样充满采样品瓶,赶出气泡	48 h	GB/T 14672—1993
77	松节油	G	4 ℃保存	1000 mL	24 h 内尽快萃取	GB/T 5750.8—2006
78	苦味酸	G,P	—	50 mL	24 h	GB/T 5750.8—2006
79	丁基黄原酸	G	采样后用盐酸溶液(4 g/L)和氢氧化钠溶液调 pH 至 5~6	1000 mL	—	GB/T 5750.8—2006
80	活性氯	棕色 G	预先加入采样体积 1%的氢氧化钠溶液(2 mol/L);若样品呈酸性,应加大氢氧化钠溶液的加入量,确保 pH 大于 12。冷藏运送,4 ℃避光保存	250 mL,采集水样使其充满采样瓶,立即加盖满塞并密封,避免水样接触空气	5 天 尽量现场测定	HJ 586—2010
81	DDT	G	4 ℃冰箱内保存	1000 mL	24 h	GB/T 5705.9—2006
82	林丹	G	4 ℃保存	1000 mL	24 h	GB/T 5705.9—2006
83	环氧七氯	G	4 ℃保存	1000 mL	24 h	《生活饮用水卫生规范》(卫法监发[2001]161号)

续表

编号	项目	采样容器	固定剂	水样添加	保存期	参照标准
84	对硫磷	G	在弱酸状态下,4 ℃冷藏保存		3 天	GB 13192—1991
85	甲基对硫磷	G			3 天	
86	马拉硫磷	G		1000 mL,采样前用水样反复冲洗采样瓶2~3次	3 天	
87	乐果	G			3 天	
88	敌敌畏	G			24 h	
89	敌百虫	G			24 h	
90	内吸磷	G	4 ℃保存	1000 mL	24 h	GB/T 5705.9—2006
91	百菌清	G	—	1000 mL	24 h	GB/T 5705.9—2006
92	甲萘威	G	加入磷酸调 pH 至 3	1000 mL	24 h	GB/T 5705.9—2006
93	溴氰菊酯	G	4 ℃保存	1000 mL	24 h 萃取	GB/T 5705.9—2006
94	阿特拉津	棕色 G	4 ℃避光保存	500 mL,样品应充满采样瓶,并加盖密封	7 天	HJ 587—2010
95	苯并[a]芘	棕色 G	若水中有余氯在,每 1000 mL 水中需要加入 80 mg 硫代硫酸钠。4 ℃避光保存	1000 mL,采样前用水样预洗瓶子,采样瓶要完全注满,不留气泡	7 天内苯取,40 内分析	HJ 478—2009
96	甲基汞	10 L 聚乙烯塑料桶	每升水中加入硫酸铜溶液 1 mL。水样用盐酸、盐酸溶液(2 mol/L)和氢氧化钠溶液(6 mol/L)调 pH=3,4 ℃保存	10 L	pH＝3 条件下保存 12 h	GB/T 17132—1997

续表

编号	项目	采样容器	固定剂	水样添加	保存期	参照标准
97	多氯联苯	棕色 G	4 ℃避光保存	2 L，充满采样瓶	7 天完成萃取	HJ 715—2014
98	微囊藻毒素-LR	G	—	1500~2000 mL	4 h 内完成前处理步骤	GB/T 20466—2006
99	黄磷	棕色 G	4 ℃避光保存	500 mL，将样品沿样品瓶缓缓流入，充满。盖紧瓶盖倒置检查瓶内是否有气泡，若有气泡要重新采集	7 天	HJ 704—2014
100	钼	P				
101	钴	P				
102	铍	P				
103	硼	P				
104	锑	P	加适量 HNO₃，使 pH＜2	250 mL	14 天	HJ 700—2014
105	镍	P				
106	钡	P				
107	钒	P				
108	钛	P				
109	铊	P				

115

（三）水质采样器材

选用合适的水质应急监测采样器材，是保证能够及时、顺利地采集到有代表性样品的关键。常用水质应急监测采样器材主要包括表层水质采样器、深层水质采样器和水质自动采样器等。常用水质应急监测采样器材的使用方法如下。

1.表层水质采样器

水桶、水瓶是最为常用的水质采样器材，多用于瞬时采集表层水样，操作方法简单、快捷。采样时应注意容器材质对样品的影响，样品采集时不能混入漂浮于水面上的杂物。主要材质包括聚乙烯塑料、硬质玻璃、聚四氟乙烯、不锈钢等。

2.深层水质采样器

（1）杆持式分层采水器，用于地表水 0～4 m 深度内的水样采集，通过手动牵引阀门控制进水，金属杆的长度可进行调节延长，连接长度一般不大于 4 m，一次采水体积由采样瓶容积决定，通常不大于 1000 mL。

（2）单层采水器（瓶），用于采集河流、湖泊、水库及海洋等 0～30 m 深度内的水样采集，采样器（瓶）底部有金属配重，顶部两个半圆瓶盖或瓶塞可轻松开合，根据绳索长度可到达预定水层采集所需水样。采样器（瓶）通常选用有机或硬质玻璃材质，容易破碎，使用时要避免磕碰。

（3）电动泵式采水器，适于装在配有电源的无人船或无人机上，通过专业人员进行远距离遥控操作控制，到达、停留在预定位置后实施采样。采样水层的深度决定抽水管的长度，可在人员难以到达的大江大河中，便捷快速地采集到不同断面、不同分层、不同垂线的水样。

3.水质自动采样器

水质自动采样器采用微电脑技术和高精度的蠕动泵，通过配接流量传感器等，可以定时、定流、定量地自动采集水质样品，并实现分瓶分装样品。监测人员安装设定好后，只需返回一次就能获取不同时间段的水质样品。

三、土壤样品采集

在突发环境事件的应急监测中，应根据事件周围土壤的污染范围，对受到污染的土壤进行采样。

（一）采样深度

（1）对于固体污染物抛撒、泄漏的污染类型，污染物通常会附着于土壤表层，应采集表层 5 cm 的土壤样品。

（2）对于液体污染物倾翻、泄露的污染类型，污染物会向低洼处流动，同时向下方和两侧渗透、扩散。因此，应在事故发生点附近布设点位，采样深度较深；在污染物扩散、渗透范围内布设点位，离事故发生点相对远处采样深度可较浅。

（3）如事件已发生较长时间，为了解污染物质在土壤中的垂直分布，应沿土壤剖面层次分层取柱状样。每个柱状样取样深度都为 100 cm，分取三个土样：表层样（0～20 cm）、中层样（20～60 cm）、深层样（60～100 cm）。根据现场实际污染物迁移扩散情况，可适当增加采样深度。

对于爆炸污染类型，在爆炸中心应分层采样，其余应采集 0～20 cm 表层土。

（二）采样方法

表层采样：铁锹、铁铲、竹片直接取样。

分层采样：采用手工操作（如洛阳铲）或机械操作（非扰动钻机），采集土壤柱状样，按需要分层采样；或铁锹、铁铲等挖一剖面，分层采样。

分层采样次序：自下而上，先采剖面的底层样品，再采中层样品，最后采上层样品。

（三）采样量

各点（层）取 1 kg 土样装入样品袋，对多点均量混合的样品可反复按四分法弃取。

（四）注意事项

采样过程中剔除石块等杂质，保持采样瓶口螺纹清洁，以防止密封不严。

采集挥发性和半挥发性有机污染物的土壤样品，需要单独采集，不应对样品进行均质化处理，也不得采集混合样。取出土壤样品后，先采集用于检测挥发性有机物的土壤样品。具体流程和要求为用刮刀剔除 1～2 cm 表层土壤，在新的土壤切面处快速采集样品。半挥发性样品采集到 250 mL 带有聚四氟乙烯衬垫的棕色广口瓶中，装满。为防止样品沾污瓶口，采样时可将硬纸板围成漏斗状或用一次性纸杯（去掉杯底）衬在瓶口。含易分解有机物的土壤样品，在采集后应立即采取冷藏或冷冻措施进行临时保存。

采集重金属的土壤样品，则应避免使用金属器具取样。可用竹片或竹刀去除与金属采样器接触的部分土壤，再用其取样。

第三节　采样记录

现场采样记录是样品采集工作的一项重要环节,是突发环境事件应急监测的第一手资料,需要全面、客观地反映事件和现场周围的环境条件,与实验室分析记录同等重要,必须如实记录并在现场完成。

一、采样记录内容

应急监测现场采样记录内容,除常规例行监测的采样记录外,还应绘制事件现场的位置图和采样点位示意图,标出采样点位置,记录事件发生时间、事故原因、事故持续时间、采样时间,以及水体感观性描述、可能存在的污染物、采样人员等事项,有条件的应进行现场录像和拍照。

(1)突发事件发生的时间和地点,污染事件相关单位名称和联系人、联系方式等。

(2)现场示意图,如有必要对采样断面(点)及周围情况进行现场录像和拍照,特别注明采样断面(点)所在位置的标志性特征物如建筑物、桥梁等名称。

(3)监测实施方案,包括监测项目(如可能)、采样断面(点)、监测频次、采样时间等。

(4)事故发生现场描述及事故发生的原因。

(5)必要的水文气象参数(如水温、水流流向、流量、气温、气压、风向、风速等)。

(6)可能存在的污染物名称、泄漏量及影响范围(程度)。如有可能,简要说明污染物的有害特性。

(7)尽可能收集与突发环境事件相关的其他信息,如盛放有毒有害污染物的容器、标签等信息,尤其是外文标签等信息,以便核对。

(8)采样人员及校核人员的签名。

二、采样记录格式

突发环境事件应急监测采样应按要求进行规范记录,建立使用应急监测专用采样记录表格。应急监测采样记录表格格式可参见表6-4至表6-6。

表 6-4 水质应急监测采样记录表

应急监测任务名称：_____ 采样时间：_____

序号	采样位置及坐标	样品编号	水质类型	水温（℃）	pH	溶解氧（mg/L）	电导率（S/m）	透明度（cm）	流速（m/s）	流量（m³/h）	感官描述	监测项目	备注
1													
2													
3													
⋮													

现场污染情况： 采样点位示意图：

采样人： 校核人： 审核人：

表 6-5 大气应急监测采样记录表

应急监测任务名称：_____ 采样时间：_____

序号	监测项目	采样位置及坐标	样品编号	平均气温（℃）	平均气压（kPa）	风向	风速（m/s）	采样起止时间 起	采样起止时间 止	累积采样时间（min）	流量（L/min） 起	流量（L/min） 止	采样标准体积
1													
2													
3													
⋮													

现场污染情况： 采样点位示意图：

采样人： 校核人： 审核人：

表 6-6 土壤应急监测采样记录表

应急监测任务名称：_____ 采样时间：_____

序号	采样位置	样品编号	土壤类型	采样工具	采样方法	经纬度	采样深度（cm）	耕作及作物类型	环境和地形	样品量（kg）
1										
2										
3										
⋮										

现场污染情况： 采样点位示意图：

采样人： 校核人： 审核人：

第四节 样品管理

样品管理的目的是为了保证应急监测样品的采集、保存、运输、接收、分析、处置工作有序进行,确保应急监测样品在流转过程中始终处于受控状态。

一、样品标志

应急监测样品应以一定的方法进行分类,如可按环境要素或其他方法进行分类,并在样品标签和现场采样记录单上记录相应的唯一性标志。

应急监测样品标志在样品采集、运输、保存和交接过程中,应注意以下主要事项。

(1)样品标志至少应包含样品编号、采样地点、监测项目、采样时间、采样人等信息。对有毒有害、易燃易爆样品特别是污染源样品,应用特别标志(如图案、文字)加以注明。

(2)样品唯一性标识应明示在样品容器较为醒目且不影响正常监测的位置。

(3)样品流转过程中,不得随意更改样品唯一性编号。

(4)在实验室测试过程中由测试人员及时做好分样、移样的样品标识转移,并根据测试状态及时做好相应的标记,分析原始记录应记录样品唯一性编号。

二、样品保存

除现场测定项目外,对需送实验室进行分析的应急监测样品,应选择合适的存放容器和样品保存方法进行存放和保存。

(一)保存容器

根据不同样品的性状和监测项目,选择合适的容器存放样品。

(二)保存要求

应急监测样品应选择合适的样品保存剂和保存条件等样品保存方法,尽量避免样品在保存和运输过程中发生变化。

(1)对易燃易爆及有毒有害的应急样品,必须分类存放,保证安全。

(2)对于影响事件处置判断的重要监测项目,测试结果异常样品,应按样品保存条件要求保留至应急监测任务结束。留样样品应有留样标识。

(3)应急监测样品保存期间,应专门存放于应急监测样品保存间,并按规定样品保存条件分类保存。保存间应有防水、防盗和保密措施,并保持清洁、通风、无腐蚀的存放环境。

三、样品运送和交接

（一）样品运送

现场难以分析的样品或根据应急处置需要而需送实验室进行分析的样品，应立即送实验室进行分析，尽可能缩短运输时间，避免样品在保存和运输过程中发生变化。

应急监测样品应由专门人员运送。在样品运输前，应将样品容器内、外盖（塞）盖（塞）紧。装箱时应用泡沫塑料等分隔，以防样品破损和倒翻。每个样品箱内应有相应的样品采样记录单或送样清单。

对易挥发的化合物或高温不稳定的化合物，注意低温冷链保存运输，在条件允许情况下可用车载冰箱或机制冰块降温保存，还可采用食用冰或大量深井水（湖水）、冰凉泉水等临时降温措施。

（二）样品交接

运送样品人员如果不是现场采样人员，则采样人员和运送样品人员之间应进行样品交接，并作好记录。

样品送交实验室时，双方应有交接手续，核对样品编号、样品名称、样品性状、样品数量、保存剂加入情况、采样日期、送样日期等信息，确认无误后在送样单或接样单上签字。

对有毒有害、易燃易爆或性状不明的应急监测样品，特别是污染源样品，送样人员在送实验室时应告知接样人员或实验室人员样品的危险性，接样人员同时向实验室人员说明样品的危险性，实验室分析人员在分析时应注意安全。

四、样品处置

（一）留样要求

对应急监测样品应留样，直至事故处理完毕。

（二）处置要求

对含有剧毒或大量有毒有害化合物的样品，特别是污染源样品，不应随意处置，应作无害化处理或送有资质的处理单位进行无害化处理。

第七章　现场监测技术

　　现场监测是指在突发环境事件现场,应用简易、快速、直读、便携式仪器设备进行现场直接测试或送达实验室进行快速分析,及时获取事件现场污染数据信息,为突发环境事件科学处置提供技术依据的过程。现场监测是环境应急监测的基础和重要组成部分,能否做到科学、规范地采集到有代表性污染样品,并能够快速、准确地进行分析测试,直接关系到判定突发环境事件的污染物种类、污染浓度、污染范围和污染扩散趋势,直接影响到对突发环境事件应急处置的科学决策。

　　在突发环境事件应急期间,如何科学、合理地选用应急监测方法、应急监测仪器设备,从而保证能够快速实施现场监测,及时、准确地获取监测结果,分析判断出现场污染物种类、性质,掌握污染程度、污染范围和预测污染扩散范围,为突发环境事件的科学处置决策提供技术依据,是应急监测工作在事故现场必须面对和解决的关键环节。

第一节　应急监测方法的选用

一、常见应急监测分析方法类型

　　近年来,随着对突发环境事件应急监测技术的重视程度越来越高,应急监测分析技术得到了快速发展和进步。突发性污染事故的特点,决定了应急监测分析技术和方法有其自身的特点和要求。在选择方法时,除了合法性和标准化外,应急监测分析技术和方法还有快速性和非标性的特点,选择方法的原则和常规实验室分析方法也有很大区别。

　　目前,较为常见的应急监测分析技术,按照其适用的环境条件划分,可以大致分为现场快速分析方法、实验室快速分析方法两种类型。

现场快速分析方法,是以优先保证快速、简便的应急需要,为适应现场环境条件而设计的现场方法和仪器,更多地考虑了仪器运输携带的便携性、现场环境的适应性、操作使用的简单性、获取数据的快捷性,突出了可以随时随地、快速直接地获取监测结果,能够在事发现场以较短时间获取污染物种类、浓度等情况,是应急监测的主要技术力量,已广泛应用于水、气、土的环境应急监测任务中。目前,关于现场快速分析方法的规范性标准方法较少,其他大多是依据应急监测仪器的操作说明进行操作使用。

目前,常用现场快速分析技术大致可以分为以下种类。

(1)检测管技术:包括气体检测管、水质检测管等。

(2)检测包技术:主要用于水质监测。

(3)试剂盒(试纸)技术:包括化学显色试剂盒(试纸)、免疫试剂盒及微生物试剂盒等。

(4)便携式光谱仪技术:包括便携式分光光度计技术、便携式红外光谱仪技术、便携式 X 射线荧光仪技术等。

(5)便携式电化学仪技术:如便携式阳极溶出伏安仪技术、离子选择性电极检测技术、电化学生物传感器技术等。

(6)便携式色谱、质谱仪技术:包括便携式离子色谱仪技术、便携式气相色谱仪技术、便携式质谱仪技术、便携式色谱—质谱联用仪技术等。

(7)生物应急监测技术:包括生物毒性综合检测技术、粪大肠菌群快速监测技术等。

突发环境事件污染情况复杂,现场快速分析方法在应用领域和准确度上还有一定的局限性,如配套规范性方法不足、往往难以满足应急监测工作需要,仍需要实验室分析方法作为补充和准确定量分析。而常规实验室分析方法对前处理和分析测试要求高、操作复杂,难以满足应急监测快速高效的需要。因此,实验室快速检测技术作为突发环境事件现场快速监测方法的补充,能更好地满足快速、准确的突发环境事件应急监测需求。实验室快速检测技术可以分为以下种类。

(1)重金属监测技术:主要是采用灵敏度高的电感耦合等离子体质谱技术,水样经过过滤后就可以直接进行分析。

(2)挥发性有机物快速监测技术:主要采用顶空技术和快速气相色谱技术,减少样品预处理和分析时间来提高分析速度。

(3)半挥发性有机物监测技术:主要采用小体积萃取技术、固相微萃取技术等样品预处理技术,再加上快速气相或液相色谱技术,通过减少样品预处理和分析时间来提高分析速度。

(4)大分子有机物监测技术:主要是采用灵敏度高的快速气相色谱串联四极杆质谱技术或快速液相色谱—串联四极杆质谱技术,水样经过过滤后就可以直接进行分析。

二、方法选用的原则与程序

(一)方法选用原则

应急监测方法的选择,应根据突发环境事件现场实际情况,按照以下工作思路进行确定。

1.根据污染类型选择

对于大气污染事件,多以有毒无机污染物和有机污染物为主,重金属污染物则会以颗粒物或气溶胶的形式出现。在大污染事件应急监测中可优先考虑采用气体检测管法、便携式气体检测仪、便携式分光光度法、便携式气相色谱法、便携式气质联用仪法等;同时,可以利用事发地附近的现有大气自动监测站和污染源废气在线监测系统获取相关数据。

对于水质污染事件,主要是对地表水、地下水、海水等的无机污染物、重金属污染物、有机污染物的监测,应优先考虑选用水质检测管法、化学比色法、综合水质检测仪器法、便携式分光光度法、便携式电化学检测仪器法、便携式气相色谱法、便携式红外光谱法、便携式气质联用仪法等;同时,可以利用事发地附近的现有水质自动监测站和污染源废水在线监测系统获取相关数据。

对于土壤污染事件,可优先选用便携式光离子化检测仪法和便携式气质联用仪法对土壤有机物进行快速检测,便携式 X 射线荧光光谱仪法对重金属污染物进行现场鉴别,拉曼和红外光谱仪对土壤和固体废物中未知污染物进行初步判定。

2.根据污染物种类选择

对于无机污染,应优先考虑选用检测管法、综合检测仪器法、离子计法及便携式离子色谱法等;对于有机污染,应优先考虑选用检测管法、袖珍式检测器及便携式气相色谱法、便携式气质联用仪法等。

一般应遵循的基本原则为:

(1)简便快速、易掌握、无须特殊的专业知识。

(2)经过实践验证的实用方法,具有易实施性和可操作性。

(3)尽量结合我国的现状与水平,力求做到在国内应用的普适性。

（4）监测结果的直观性。

（5）投入的最小化，方法具有较高的性价比。

（6）对于必须采用实验室方法分析的项目，应选择现有最简单快速的实验室分析方法。

（二）方法选用程序

突发环境事件具有突发性、复杂性等特点，污染物种类、浓度和扩散范围往往处于未知状态。在此情况下，为快速准确回答污染物是什么、浓度是多少、影响范围有多大，及时为应急决策部门提供科学技术支撑，使用单一监测分析方法难以达到目的，必须运用多种分析方法，分步骤、分层次地进行现场快速分析、测试、判断。一般来讲，现场应急监测分析方法选用的步骤流程主要是：在事发现场，首先对未知污染物进行快速定性半定量分析测试，在大致判断污染物后选用现场快速定性定量方法进行分析测试；若现场分析方法难以进行定性或定量分析的，应送回实验室选用实验室快速定量分析方法进行测试。应急监测方法选用流程图如图 7-1 所示。

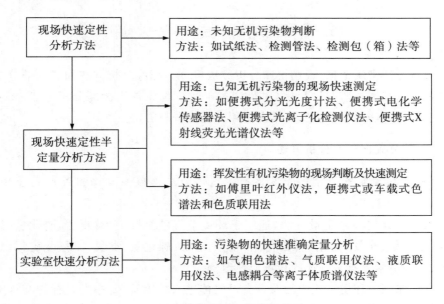

图 7-1 应急监测方法选用流程图

1.现场快速定性分析方法

对于未知无机污染物，通常需要通过快速定性的方法进行初步筛选，可以快速给出特定污染物是否存在的信息以及是否超过某一浓度的提示：一方面为事故指挥部提供第一时间的初步依据;另一方面为进一步做好准确深入监测的方法选择、仪器选择提供基础。快速定性方法主要配置包括试纸、检测管、检测包(箱)等。

2.现场快速定性半定量分析方法

(1)已知无机污染物。对已确定目标的无机污染物,在现场可以直接选用相应的便携式电化学仪法和便携式分光光度计法等进行准确定量分析。

(2)挥发性有机污染物。对于未知且成分较单一的有机污染事件,如企业原料储罐泄漏爆炸、槽罐车翻车等引起的有机物污染,可以选用傅里叶红外仪法等快速监测方法进行快速定性半定量分析。对于未知且成分较复杂的有机污染事件,如化学品仓库发生爆炸等引起的有机物污染,可以选用便携式或车载式色谱、质谱法进行快速定性半定量分析测试。

(3)实验室快速分析方法

对通过现场快速分析方法难以判别或不能准确定量测试的污染物,应及时将样品送回实验室,选用实验室快速分析方法进行准确定性定量分析测试。

第二节 现场快速分析方法

根据方法来源依据,现场快速分析方法可分为标准分析方法和非标准分析方法两类。在现场监测过程中,对待测污染物应首先选用标准分析方法,无适用标准分析方法的则依据实际情况选用非标准分析方法。

一、部分现行标准分析方法

(一)《环境空气 氯气等有毒有害气体的应急监测 比长式检测管法》(HJ 871—2017)

该标准为定性半定量方法,适用于环境空气中氯气、一氧化碳、硫化氢、氯化氢、氰化氢、光气、氟化氢、氨气、甲醛、苯乙烯、砷化氢、臭氧、二氧化硫、氮氧化物、苯和甲苯等有害气体的现场应急监测。

方法原理为环境空气中的有毒有害气体进入检测管,其中的目标物与检测管中的化学试剂(通常称为"指示粉")反应产生颜色变化,在一定浓度范围内,变色长度与目标物浓度成正比。

比长式检测管法目标物常见测试范围如表7-1所示。

表 7-1　比长式检测管法目标物常见测试范围

序号	目标物	常见测定范围(mg/m³)	序号	目标物	常见测定范围(mg/m³)
1	氯气	$0.06\sim3.2\times10^3$	9	甲醛	$0.02\sim8.6\times10^3$
2	一氧化碳	$0.5\sim6.3\times10^3$	10	苯乙烯	$4.7\sim7.0\times10^3$
3	硫化氢	$0.2\sim6.1\times10^4$	11	砷化氢	$0.02\sim350$
4	氯化氢	$0.08\sim8.2\times10^3$	12	臭氧	$0.05\sim2.1\times10^3$
5	氰化氢	$0.2\sim2.9\times10^3$	13	二氧化硫	$0.1\sim2.3\times10^4$
6	光气	$0.2\sim330$	14	氮氧化物	$0.08\sim5.1\times10^3$
7	氟化氢	$0.2\sim89$	15	苯	$0.05\sim1.5\times10^3$
8	氨气	$0.05\sim1.0\times10^3$	16	甲苯	$0.05\sim1.2\times10^4$

（二）《环境空气　氯气等有毒有害气体的应急监测　电化学传感器法》（HJ 872—2017）

该标准为定性半定量方法,适用于环境空气中氯气、硫化氢、氯化氢、一氧化碳、氰化氢、光气、氟化氢、氨气和二氧化硫等有害气体的现场应急监测。

方法原理为空气中的有毒有害气体进入电化学传感器,电化学传感器利用目标物的电化学活性,将其氧化或还原,在一定范围内产生与目标物浓度成正比的电信号,从而得到目标物的浓度。

电化学传感器法目标物常见测试范围见表 7-2。

表 7-2　电化学传感器法目标物常见测试范围

序号	目标物	常见测定范围(mg/m³)	序号	目标物	常见测定范围(mg/m³)
1	氯气	$0.003\sim1.6\times10^4$	6	光气	$0.004\sim1.3\times10^4$
2	硫化氢	$0.001\sim1.5\times10^4$	7	氟化氢	$0.001\sim90$
3	氯化氢	$0.002\sim8.2\times10^3$	8	氨气	$0.001\sim7.6\times10^3$
4	一氧化碳	$0.01\sim1.3\times10^5$	9	二氧化硫	$0.003\sim1.1\times10^5$
5	氰化氢	$0.01\sim1.2\times10^3$	—	—	—

（三）《环境空气　挥发性有机物的测定　便携式傅里叶红外仪法》（HJ 919—2017）

本标准规定了测定环境空气中挥发性有机物的便携式傅里叶红外仪法。

本标准为定性半定量方法,适用于环境空气中丙烷、乙烯、丙烯、乙炔、苯、甲苯、乙苯、苯乙烯等八种挥发性有机物在互不干扰情况下的突发环境事件应急监测。其他挥发性有机物若通过验证也可用本标准测定。

方法原理为当波长连续变化的红外光照射被测目标化合物分子时,与分子固有振动频率相同的特定波长的红外光被吸收,将照射分子的红外光用单色器色散,按其波数依序排列,并测定不同波数被吸收的强度,得到红外吸收光谱。根据样品的红外吸收光谱与标准物质的拟合程度进行定性分析,根据特征吸收峰的强度进行半定量分析。

便携式傅里叶红外仪法检出限和测定下限如表 7-3 所示。

表 7-3   便携式傅里叶红外仪法检出限和测定下限

化合物名称	分子式	检出限（mg/m³）	测定下限（mg/m³）
丙烷	C_3H_8	0.3	1.2
乙烯	C_2H_4	1	4
丙烯	C_3H_6	0.8	3.2
乙炔	C_2H_2	0.3	1.2
苯	C_6H_6	2	8
甲苯	C_7H_8	2	8
乙苯	C_8H_{10}	2	8
苯乙烯	C_8H_8	2	8

注:表中各化合物的检出限为高纯氮气及单组份标准物质测定条件下的测试结果。

（四）《环境空气   无机有害气体的应急监测   便携式傅里叶红外仪法》（HJ 920—2017）

本标准为定性半定量方法,适用于环境空气中一氧化碳、二氧化氮、一氧化氮、二氧化硫、二氧化碳、氯化氢、氰化氢、氟化氢、一氧化二氮、氨等无机有害气体的现场应急监测。其他无机气体若通过验证也可用本标准测定。

方法原理为当波长连续变化的红外光照射被测定的分子时,与分子固有振动频率相同的特定波长的红外光被吸收,将照射分子的红外光用单色器色散,按其波数依序排列,并测定不同波数被吸收的强度,得到红外吸收光谱。通过比对样品的红外光谱和标准谱图库中定量标准物质的光谱在特征波数上的吸收峰进行定性分析;根据样品目标物的峰面积响应值与标准图库中对应的标准物质吸收峰的峰面积响应值之比来进行半定量分析。

方法检出限、测定下限和测定范围如表 7-4 所示。

表 7-4　方法检出限、测定下限和测定范围

化合物名称	检出限（mg/m³）	测定下限（mg/m³）	测定范围（mg/m³）
一氧化碳	1	4	4～127
二氧化氮	1	4	4～100
一氧化氮	2	8	8～130
二氧化硫	2	8	8～480
二氧化碳	1	4	4～3000
氯化氢	2	8	8～240
氰化氢	1	5	5～240
氟化氢	1	4	4～45
一氧化二氮	1	4	4～200
氨	1	4	4～160

（五）《COD 光度法快速测定仪技术要求及检测方法》（HJ 924—2017）

本标准的方法原理为，试样中加入一定量的重铬酸钾溶液，在强酸介质中，以硫酸银为催化剂，经高温密闭消解后，用光度法测定六价铬（Cr^{6+}）或三价铬（Cr^{3+}）的吸光度，确定 COD 值。

测量范围为 15～1000 mg，样品中 Cl^- 浓度不高于 1000 mg/L。

（六）《便携式溶解氧测定仪技术要求及检测方法》（HJ 925—2017）

该标准的方法原理：覆膜电极法根据氧分子透过选择性薄膜的扩散速率来测定水中溶解氧的含量。覆膜电极法溶解氧测定仪探头内有一个用选择性薄膜封闭的小室，室内有两个金属电极并充有电解质。氧和一定数量的其他气体及亲液物质可透过这层薄膜，但水和可溶性物质的离子几乎不能透过这层膜。覆膜电极法可分为电流式和极谱式两种。电流式的原理为将探头浸入水中时，由于电池作用在两个电极间产生电位差，使金属离子在阳极进入溶液，同时氧气通过薄膜扩散在阴极获得电子被还原，产生的电流与穿过薄膜和电解质层的氧的传递速度成正比，即在一定的温度下该电流与水中氧的分压（或浓度）成正比。极谱式的原理为将探头浸入水中时，通过外加电压使两个电极间产生电位差，使得阳极被氧化，同时氧气通过薄膜扩散在阴极获得电子被还原，产生的电流与穿过薄膜和电解质层的氧的传递速度成正比，即在一定的温度下该电流与水中氧的分压（或浓度）成正比。

荧光法根据氧分子对荧光物质的猝灭效应原理来测定水中溶解氧的含量。荧光法溶解氧测定仪探头前端是复合了荧光物质的箔片,表面涂了一层黑色的隔光材料以避免日光和水中其他荧光物质的干扰,探头内部装有激发光源及感光部件。蓝光照射到荧光物质上使荧光物质激发并发出红光,由于氧分子可以带走能量从而降低荧光强度(猝灭效应:在一定的温度下,激发红光的时间和强度与氧分子的浓度成反比)。通过测量激发红光与参比光的相位差,并与内部标定值对比,计算氧分子的浓度。

测量范围为 $0\sim20$ mg/L,最小分度值不高于 0.1 mg/L。

（七）《环境空气和废气　挥发性有机物组分便携式傅里叶红外监测仪技术要求及检测方法》(HJ 1011—2018)

该标准的方法原理为:光源发出的光被分束器分为两束,一束经透射到达动镜,另一束经反射到达定镜。两束光分别经定镜和动镜反射再回到分束器,动镜以一恒定速度做直线运动,因而经分束器分束后的两束光形成光程差,产生干涉。干涉光在分束器会合后通过样品池,通过样品后含有样品信息的干涉光到达检测器,然后通过傅里叶变换对信号进行处理,最终得到透过率或吸光度随波数或波长的红外吸收光谱图。

该标准方法针对应用于不同场合的仪器,规定了相应仪器的检测范围。用于环境空气污染事故应急监测的仪器本标准称为"Ⅰ型仪器",其仪器检出限为不高于 0.5 $\mu mol/mol$。

二、常见非标准现场快速分析方法

现场监测技术的原则是:应能快速鉴定、鉴别污染物的种类,并能给出定性或半定量直至定量的检测结果,直接读数、使用方便、易于携带,对样品的前处理要求低。以下就几种应用较为广泛的现场快速定性分析技术进行介绍。

（一）现场快速定性分析方法

1.试纸法

试纸技术可检测出某化合物是否存在以及是否超过某一浓度的信息,被认为是一种前导性的测试。

（1）技术原理

试纸快速检测技术是将化学反应从试管中移到滤纸上进行,在本质上都是利用迅速产生明显颜色的化学反应定性或半定量确定待测物质。试纸与被测物质的接触方式主要有自然扩散、抽气通过、将被测物滴在试纸上或将试纸插入溶液中。被测物与试纸接触后,在试纸上发生化学反应,试纸的颜色发生变化,通过与标准比色卡比较,进行目视比色,确定样品的浓度等。

（2）技术特点

试纸法和一般仪器分析方法相比,具有以下优点:

①检测速度快,具有一定的灵敏度和专一性。

②操作简单、携带方便,非常适合现场快速检测。

③操作简单,使用者不需要专门培训即可掌握。

④价格便宜,不需要检修维护,一次性使用。

但由于应急监测的实际样品的基质复杂,数据的准确性往往和实际偏差较大,试纸适用于污染物的定性和半定量分析。

（3）应用范围

由于试纸具有从几百微克每升至数百毫克每升的大跨度测试范围,故其既可用于高浓度污染物或应急监测初期阶段污染较重水体中相关污染物的测定,同时也可以作为有害物质定性检测的辅助手段。

①金属及其化合物类:铜、锌、铅、镍、铁、钴、砷、六价铬、铝、二价铁、锑、铋等。

②无机阴离子类:氰化物、硫酸盐、硫化物、氟化物、硫化物等。

③营养盐类:氨氮、磷酸盐、亚硫酸盐、亚硝酸盐等。

常用污染物分析试纸及其测试范围如表 7-5 和表 7-6 所示。

表 7-5　常规污染物分析试纸测试范围

污染物名称	化学式	测试范围（mg/L）
硫化物	S^{2-}	0.02～0.8
氨氮	NH_3-N	0.2～7,5.0～20,20～180
余氯	Cl_2	0.5～10
甲醛	CH_2O	1～45
硝酸根	NO_3^-	3～90
亚硝酸根	NO_2^-	0.5～25,30～1000
磷酸根	PO_4^{3-}	0～120
亚硫酸根	SO_3^{2-}	10～200
氰化物	CN^-	0.5～30
pH	—	1～5,4～9,9～13

表 7-6　重金属污染物分析试纸测试条件和范围

污染物名称	显色时间	显色温度（℃）	pH 适用范围	测试范围（mg/L）
铜	5 s～10 min	5～35	5～13	10～300
镍	5 s～10 min	5～35	1～7	10～500
锌	5 s～1 min	5～35	1～14	10～250
铅	2 s～7 min	5～35	2～7	20～500
钴	5 s～10 min	5～35	1～7	10～1000
铁	5 s～10 min	5～35	1～7	3～500
砷	5 s～10 min	5～35	1～14	0～4
钼	2 s～15 min	5～35	≤1	5～250

（4）使用操作

①样品采集。根据《突发环境事件应急监测技术规范》（HJ 589—2021）中采样规范进行采样。

②水样的前处理。混浊样品建议过滤处理,高浓度样品建议稀释处理。如样品酸碱度超出测定范围时,缓慢滴加无机酸或碱调节至测定范围,应注意避免产生沉淀。

③分析步骤。首先将试纸的反应区浸入被测溶液中,取出后除去试纸上多余溶液,按照要求等待一定时间后,根据试纸显色与色标卡对照。

④结果及表示。定性结果:根据试纸显色与色标卡颜色系列是否相符,判断被测污染物的存在性。定量结果:被测物质的浓度根据试纸显色与色标卡对照得出。如反应区颜色与某一色阶基本相同,则色标卡上标示的浓度即为被测物质的半定量结果,如反应区颜色在相邻两色阶之间则色阶浓度区间为被测物质的半定量结果。测试前需根据试纸说明中的要求对被测溶液温度及酸碱度进行适当调节。

⑤质量保证和质量控制。试纸保质期:一般市售试纸质量保证期为两年左右,应在质量保证期内使用。试纸校准:应定期对色标卡上最低和最高浓度点标准溶液进行校准,试纸显色与色标卡相应颜色基本相符才可使用。平行样测定:每批样品应进行 10% 平行样品测定,平行样品显示颜色不应超过一个色阶。

2.检测管法

检测管是一种使用简便、快速、直读式、价格低廉的气体或水质现场快速检测工具。

（1）技术原理

检测管种类形式多样，但基本原理大致相同，即在一个固定有限长度、内径的玻璃或聚乙烯管内，装填一定量的检测剂（即指示粉），用塞料加以固定，再将管的两端密封加工而成。检测剂是将某些能与待测物质发生化学反应并可以改变颜色的化学试剂吸附在固体载体颗粒表面上的一种物质，化学试剂的选择和它在载体上的化学浓度比决定了检测管的物质成分和量程范围。检测管的核心是装在玻璃管中的指示粉。检测管示意图如图 7-2 和图 7-3 所示。

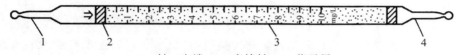

1、4—封口尖端；2—塞填料；3—指示层。

图 7-2 只有一个指示层的检测管

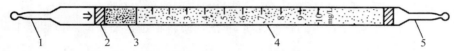

1、5—封口尖端；2—塞填料；3—前层；4—指示层。

图 7-3 带有前层的检测管

（2）技术特点

检测管作为环境污染现场快速检测的基本配备，具有以下优点。

①操作简便：用检测管测定气体浓度时，不需要如化学分析那样加入多种化学试剂和使用各种玻璃仪器，一般也无须进行计算，也无须像仪器分析那样做复杂的测前准备。工作步骤仅有采样和结果显示两步，而这两步又几乎是同时进行的，这就为专业分析人员提供了极大方便，即使没有分析基础知识的人（如现场工程技术或操作人员），只要参照使用说明或对其稍加指导就可以应用。

②分析快速：由于操作简便，可使每一次样品分析所需时间大为缩短，一般只需几十秒至几分钟即可得知分析结果，其分析速度是任何化学分析方法所不能比拟的。

③可信度高：精度和灵敏度均高于试纸法。气体检测管含量标度的确定是模拟了现场分析条件，采用不同浓度标准气标定的，因而克服了化学分析中易带入的方法误差。因为气体检测管是工业化生产，加之操作简单，使用时人为误差也易克服。

④适应性好：检测管成为系列产品后，可检测的气体多种多样，每种气体的测量范围可由千万分之几到十分之几，因而在实际应用时只要选择合适型号的

检测管,即可进行各种气体不同含量的定量分析,尤其在炼油、天然气及石化行业。如硫化氢测定在不同工序中其含量有很大波动,化学分析法往往根据不同含量采用不同的分析方法,而检测管法由于测量范围宽,只采用一种方法,也减少了不同方法所带来的方法误差,特别适合现场检测需要,对不具备化学分析条件的地方更为适用。

⑤由于用检测管进行测定时无须热源、电源,可确保现场使用安全。

⑥气体检测管使用时不需维护、价格低廉、携带方便也是其他方法不可比拟的。

检测管技术在环境应急监测中的应用也有一定的局限,主要表现在:

①一种检测管能够检测的污染物种类有限,很多化合物还没有对应的检测管可以检测,且多数为一种检测管只能对一种污染物进行定性、半定量分析。

②检测管一般只能提供瞬间的浓度测量,不能提供连续检测;对化学性质相似的复杂物质,不能很好地区分,只能显示它们浓度的总和。

③各种检测管都有一定的有效期,超出期限将很难达到预期的检测效果。

(3)应用范围

检测管可直接对多种气体以及水质中的多种污染物进行直接检测,范围可从千万分之几到十分之几,也可在具有可能引火、引爆性气体存在时安全使用。

气体检测管:一氧化碳、二氧化氮、甲醛、氨气、硫化氢、二氧化碳、二氧化硫、氯气、氰化氢、氯化氢、二硫化碳、砷化氢等。

水质检测管:汞、氯化物、氰化物、硫化物、砷、锌、镍、六价铬、铜、二价铁等。

常用污染物水质检测管检测参数及其测试范围见表7-7,重金属污染物水质检测管测试范围及颜色变化见表7-8,气体检测管测试范围参见表7-1。

表7-7 常规污染物水质检测管检测参数及其测试范围

污染物名称	显色时间(min)	显色温度(℃)	pH 适用范围	测试范围(mg/L)
硫化物	3～5	5～35	5～9	0.1～2
硝酸根	3～5	15～35	3～9	1～45
过氧化氢	1～2	5～35	6～9	0.1～10
氰化物	10～15	15～35	5～9	0.05～2
总余氯	2～5	15～35	5～9	0.1～5
亚硝酸根	2～8	15～35	2～9	0.02～0.5
氨氮	15～25	5～35	5～13	0～120

污染物名称	显色时间(min)	显色温度(℃)	pH 适用范围	测试范围(mg/L)
氟化物	5~10	5~35	5~9	0.01~1
甲醛	5~10	100	5~9	0.1~2

表 7-8　重金属污染物水质检测管测试范围及颜色变化

污染物名称	检测管种类	测试范围(mg/L)	颜色变化
砷及其化合物	As,202	0.01~0.3	黄色→红色
铬及其化合物	Cr^{6+},273	0.5~50	白色→黄色
铜及其化合物	Cu,284	1~20	白色→橙色
汞及其化合物	Hg,271	1~20	浅橙色→蓝紫色
镍及其化合物	Ni,291	5~50	白色→红色

(4)使用操作

检测管的正确使用是决定检测结果正确与否的关键因素,因此在使用检测管测定污染物时需要遵循以下原则:

①检测管应在使用期限内使用。一般检测管的有效期不少于一年,且通常检测管可使用到有效期月份的最后一天。检测管失效后会出现变色长度变长或变短、变色界限模糊、指示粉变色等。因此,检测管只能在有效期内使用,超出此范围,不管是否已经开封使用,都应该及时更换。

②检测管及其采样器应根据使用标准进行保管与校对。检测管保存条件对检测管的有效期有较大影响,如低温保存能够明显延长检测管的有效期。因此,检测管必须根据相应的标准进行保存,并对其进行定期校对,以确保随时可用。

③正确读取检测管显示值。测试后在规定时间内读数;利用检测背景读数;当变色终点偏流时,读数应为最长和最短的平均值;当偏流较为严重时,应重新测定;当检测管变色终点颜色较浅或模糊时,应以可见的最弱变色为准;测定过程中要注意观察检测管的变色情况,瞬间全部变色时,需更换大量程检测管。

总之,应该严格按照相应的国家或行业标准进行检测管的保管和使用,以保证其检测结果的可靠性。

3. 有毒有害气体检测仪法

（1）技术原理

便携式有毒有害气体检测仪是根据有毒有害气体的热学、光学、电化学及色谱学等特点设计的，能在事故现场对某种或多种可燃性气体和有毒有害气体进行采集、测量、分析和报警的仪器。传感器是气体采集部分，也是整个气体检测仪的关键部件。通过与可燃性气体或有毒有害气体反应，产生电流，转换成线性电压信号，电压信号经放大、AD 转换，信号处理器对 AD 转换的数据进行分析处理后由 LCD 显示出所测气体浓度。当检测气体的浓度达到预先设定报警值时，蜂鸣器和发光二极管将发出报警信号，同时将报警信息记录在内置或外置存储器中。

（2）技术特点

有毒有害气体检测仪器多为配有火焰离子化检测器（FID）、光离子化检测器（PID）、红外传感器（IR）等检测器或配有基于催化燃烧氧化法、定点位电解法为原理的反应器的气体分析仪。此类传感器种类较多，一般具有响应速度快、线性度和重复性好、使用方便，易于制成袖珍式（多为扩散式）和便携式（多为抽气式）仪器的特点，分析空气、水和土壤中的挥发性有机物（VOCs）或其他有毒有害气体（如 CO、SO_2、NO、NO_2、HCL、HCN、Cl_2、H_2S 等），以及可燃性气体（如氢气、天然气、乙烯、乙炔、煤气和液化石油气等）的灵敏度很高。主要具有以下特点：

①体积小、携带方便，电池供电，价格低廉，不需或很少需要另外辅助器材，在任何地方均可测试，一台仪器往往可进行多项目测定，常为浓度直读式，易于迅速给出浓度值。

②可用于确定污染物的存在，由于具有快速扫描作用，可为进一步的气相色谱等方法分析提供有价值的信息。

③可确定总的有机污染物的污染程度并给予实时报警。

（3）应用范围

随着环境应急监测技术的不断进步，出现了各种类型高性能便携式气体检测器，在突发环境事件应急监测和调查中发挥了重要作用，如：初期个人防护确定与防护范围确认；泄漏检测与泄漏物确认；去除污染影响确认；后期处理及恢复过程的污染确认等。目前，常见的传感器类型有催化燃烧式传感器、半导体传感器、双量程可燃气传感器、非分散红外吸收传感器（NDIR）、火焰离子化检测器（FID）、光离子化检测器（PID）、电化学传感器及固态聚合体电解液氧气传感器（SPE）。

便携式有毒有害气体仪器的品种型号很多,检测能力各有所长。目前,国内外常见的有毒有害气体检测仪的应用范围见表7-9。

表7-9　国内外常见仪器设备的应用范围

序号	仪器设备	应用范围
1	MRAE2 六合一有毒有害气体检测仪 PGM-62X8	适用包括 EC、LEL、TC、PID、IR、Gamma 等在内的所有 RAE 传感器,各种传感器可任意组合、灵活配置,检测精度高,适用于各种危险环境使用
2	复合式气体检测仪 PGM-7840	可配置5种传感器,可对氧气、可燃气体、一氧化碳、硫化氢、氨气、氯气、氰化氢、一氧化氮、二氧化氮、磷化氢和二氧化硫进行检测
3	QRAEⅡ四合一气体检测仪 PGM-2400	可同时对可燃气、氧气和有毒气体进行检测。QRAEⅡ兼容扩散和泵吸两种工作方式,适合不同应用场所
4	ToxiRAE LEL 个人用可燃气体检测仪 PGM-1880	可在 0~100% LEL 范围内对可燃性气体进行高精度实时检测
5	Portasens Ⅱ(C16)型便携手持式气体检测仪	可对溴气、氯气、二氧化氯、氟气、过氧化氢、碘气、臭氧、氨气、一氧化碳、氢气、氧气、一氧化氮、光气、氯化氢、氟化氢、氰化氢、硫化氢、二氧化氮、二氧化硫、酸气、氢化砷、乙硼烷、锗烷、硒化氢、磷化氢、硅烷、环氧乙烷、甲醛、乙醇及乙炔等30多种气体进行检测
6	A14/A11 有毒气体检测系统	气体种类和量程根据要求选用,包括氨气、一氧化碳、氢气、一氧化氮、氧气、光气、溴气、氯气、二氧化氯、氟气、臭氧、氯化氢、氰化氢、氟化氢、硫化氢、二氧化氯、二氧化硫、砷化氢、乙硼烷、锗烷、硒化氢、磷化氢、硅烷
7	TVA-1000B 有毒挥发气体分析仪	(FID/PID结合型或单FID检测器,便携式、重量轻,多个响应系数和曲线,多点校正,内置数据记录功能)使用双检测器不仅可以检测有机组分而且可以利用PID检测器检测无机组分。例如有一些组分可以被PID检测但不能被FID检测:氨气、二硫化碳、氯仿、甲醛、硫化氢
8	Impulse X4 四合一气体检测仪	一种便携式气体探测器,可用来防止易燃物、氧气、一氧化碳以及硫化氢气体危害

序号	仪器设备	应用范围
9	Sirius PID 多种气体检测仪	可同时检测可燃气、氧气、一氧化碳、硫化氢及挥发性有机物
10	Altair 4X 多种气体检测仪	可燃气体(LEL)量程 0～100％LEL 或 0～5％甲烷;氧气量程 0～25％(体积浓度)
11	FirstCheck 便携式多组分气体检测仪	能够检测 VOC 气体和传统的四合一毒气(氧气、硫化氢、一氧化碳和可燃气体)
12	BW 四合一气体检测仪	可同时检测硫化氢、一氧化碳、氧气、可燃气体
13	Gas Alert Micro Clip(MC-系列)四合一气体检测仪	可同时检测硫化氢、一氧化碳、氧气、可燃气体
14	Gas Alert Quattro(QT-系列)四合一气体检测仪	可同时检测硫化氢、一氧化碳、氧气、可燃气体
15	Gas Alert Micro 复合气体检测仪-五合一	可复合检测硫化氢、一氧化碳、氧气、二氧化硫、磷化氢、氨气、二氧化氮、氰化氢、氯气、二氧化氯、臭氧和可燃气体及挥发性有机物
16	Drager X-am2000(四合一)气体检测仪	可检测 1～4 种气体:可燃气、氧气、一氧化碳和硫化氢
17	X-am5600 多种气体检测仪	可同时检测可燃气体、氧气、氯气、一氧化碳、二氧化碳、氢气、硫化氢、氰化氢、氨、一氧化氮、二氧化氮、磷化氢、二氧化硫等有毒有害气体和有机蒸汽
18	Drager X-am5000 多种气体检测仪	可检测易燃气体、水蒸气以及氧气和一氧化碳、硫化氢、二氧化碳、氯气、氰化氢、氨气、二氧化氮、磷化氢和二氧化硫
19	XP-3118 测氧测爆气体检测仪	检测对象:可燃性气体、氧气
20	XP302M 复合气体检测仪	可同时检测可燃性气体、氧气、一氧化碳、硫化氢
21	GX-2009 复合气体检测仪	可同时检测可燃性气体、氧气、一氧化碳、硫化氢

序号	仪器设备	应用范围
22	GX-8000 五合一气体检测仪	可同时检测可燃性气体、氢气、氧气、一氧化碳、硫化氢
23	TY2000-B 型便携式气体检测仪	可同时对多达 16 种有毒有害气体进行检测
24	DN-B3000 有毒气体检测仪	可检测一氧化碳、硫化氢、氢气、氨气、一氧化氮、二氧化硫、二氧化氮、氯气、氯化氢
25	GAMC 型四合一气体检测仪	可检测 2～4 种气体：硫化氢、一氧化碳、氧气和可燃气体
26	M5 多功能气体检测仪探测器	单台仪器可配 5 种气体传感器，可检测一氧化碳、硫化氢、磷化氢、二氧化硫、二氧化氮、氰化氢、氯气、氨气、光气、氧气、可燃气体和挥发性有机物

（4）使用操作

①注意各种不同传感器间的检测干扰。一般而言，每种传感器都对应一个特定的检测气体，但任何一种气体检测仪也不可能是绝对特效的。因此，在选择一种气体传感器时，都应当尽可能了解其他气体对该传感器的检测干扰，以保证它对于特定气体的准确检测。

②注意检测仪器的浓度测量范围。各类有毒有害气体检测器都有其固定的检测范围，只有在其测定范围内完成测量，才能保证仪器准确地进行测定。而长时间超出测定范围进行测量，就可能对传感器造成永久性的破坏。比如 LEL 检测器（LEL 为引起爆炸的可燃气体的最低含量，称为"爆炸下限"），如果不慎在超过 100%LEL 环境中使用，就有可能彻底烧毁传感器。而其他有毒有害气体检测报警器，长时间工作在较高浓度下也会造成损坏。

（二）现场快速定性半定量分析方法

1.光学分析法

光学分析法是根据物质发射、吸收电磁辐射以及物质与电磁辐射的相互作用，基于物质对光的吸收或激发后光的发射所建立起来的一类方法，包括紫外可见分光光度法、红外及拉曼光谱法、原子发射与原子吸收光谱法、原子和分子荧光光谱法等。

（1）便携式分光光度法

· 技术原理

便携式分光光度计与实验室用的台式分光光度计的原理一致,是利用物质对光的吸收光谱,对物质进行定性分析或定量分析的方法。便携式分光光度法是通过单色器得到平行的单色光,当其穿过盛有溶液的吸收池后,进入有恒定的函数关系、响应灵敏、噪声低、稳定性高的光电转换器,转化为电信号,在仪器上显示吸光度。根据朗伯-比尔定律,溶液的吸光度与溶液的浓度和厚度的乘积成正比。固定比色池长度,使用一定浓度梯度的标准物质即可获取待测物浓度与吸光度的对应信息。便携式分光光度法监测示意图如图 7-4 所示。

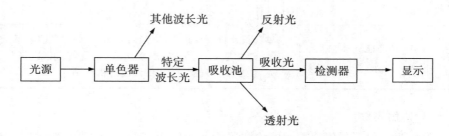

图 7-4　便携式分光光度法监测示意图

· 技术特点

便携式分光光度法的仪器设备和操作都比较简单,分析速度较快,同时具有较好的选择性;精密度和准确度较高,但色度对其干扰较大。由于便携式分光光度法的测试步骤多与国标方法接近,节省了试剂配置的过程,并在预处理上作了部分简化,所以在现场分析方法中便携式分光光度法是准确度最高的方法。在浓度较高的样品测试中,便携式分光光度法测试结果与国标方法常具有较高的可比性,可以为生态环境主管部门的科学决策提供相对可靠的依据。

与试纸、检测管法相比,便携式分光光度法还有以下技术特点:

a.便携式分光光度法快速测定重金属的灵敏度更高、检出限更低。

b.便携式分光光度计具有优良的光学稳定性,测定结果更加准确、可靠,重复性好。

c.便携式分光光度计独特的条形码自动识别、自动测定试剂空白和自动读取功能大大简化了实验操作过程,使测试方法更加简便、快捷。

· 应用范围

几乎所有的无机元素和在紫外及可见光区有特征吸收的有机化合物,都能用分光光度法进行测定。由于便携式仪器体积等方面的制约,目前便携式分光光度法可对 240 多种有毒有害物质进行定量测量,可应用于突发性环境事件应急现场快速测定,以及事故现场周边目标污染物的测定。

市场上的便携式分光光度计有很多,大致可以分为单参数便携式光度计和多参数光度计两类。常规、重金属污染物便携式光度法的参数及测试范围见表 7-10 和表 7-11。

表 7-10 常规污染物便携式光度法参数及其测试范围

污染物名称	显色时间(min)	显色温度(℃)	pH 适用范围	测试范围(mg/L)
氟化物	1～10	5～35	5～13	0.02～2
硫酸盐	5～30	5～35	2～13	2～70
氯化物	10	5～20	2～12	0.1～25
硫化物	10～20	15～20	2～13	0.005～0.8
氰化物	15	15～20	1～13	0.002～0.24
氨氮	1～5	10～35	2～10	0.01～0.5
磷酸盐	10～30	5～35	1～14	0.05～1.5
亚硝酸盐	15～25	10～35	1～13	0.05～2
总磷	10～20	10～20	1～13	0.05～1.5
化学需氧量	15～30	5～35	2～10	20～1500
游离氯	5	5～20	5～9	0.02～2
总氯	5	5～35	5～9	0.02～2
苯胺	30～60	5～35	1～13	0.05～2
硼	90	5～35	3～13	0.02～14
阴离子洗涤剂	1～15	5～35	2～9	0.002～0.275
甲醛	5～30	5～35	5～13	0.002～0.5

表 7-11　重金属污染物便携式光度法参数及其测试范围

污染物名称	显色时间(min)	显色温度(℃)	pH 适用范围	测试范围(mg/L)
锰	1～5	5～35	2～10	0.006～20
铁	1～10	20～35	8～10	0.009～3
铜	10	5～20	2～12	0.001～5
铅	5	5～20	2～13	0.003～2
镉	10	20	5～10	0.0007～0.08
镍	5～15	20	5～12	0.006～6
锌	15～25	20～35	4～9	0.01～3
六价铬	1～10	5～35	1～12	0.01～1

· 使用操作

a.水样采集。根据《突发环境事故应急监测技术规范》(HJ 589—2021)中的采样规范进行采样。

b.水样的前处理。混浊样品建议过滤处理,高浓度样品建议稀释处理。如样品酸碱度超出测定范围时,缓慢滴加无机酸或碱调节至测定范围,应注意避免产生沉淀。

c.分析步骤。首先取适量被测物质溶液与显色剂混合均匀,按照要求等待一段反应时间后,与相应波长处进行比色。根据溶液吸光度与标准曲线相对照得出被测物质浓度。测试前需根据方法说明中的要求对被测溶液温度及酸碱度进行适当调节。

d.结果及表示。在一定波长下测定被测物质的标准系列溶液的吸光度作标准曲线,然后测定样品溶液的吸光度值,由标准曲线求得样品溶液的浓度或含量。

e.质量保证和质量控制。空白:每批样品或试剂有变动时,都应有相应的空白实验。空白样品应经历样品制备和测定的所有步骤加标;每分析一批(约 20个)样品必须有一个空白加标;组分回收率在 80%～120%;每分析一批样品必须有一个加标样品,组分回收率在 80%～120%。平行样:每分析一批样品必须有一个平行样,平行样品误差在 10%以内建议根据周期定期制作校准曲线,并采用质控样品定期对校准曲线进行校准。

(2)便携式傅里叶红外光谱法

傅里叶变换红外光谱(FT-IR)仪是综合了红外光谱原理、迈克尔逊干涉仪技术和傅里叶变换数学方法等技术的一种现代分析仪器。

• 技术原理

傅里叶红外光谱仪由光源、干涉仪、样品室、检测器和计算机组成,其工作原理是由光源发出的红外光经过平面反射镜后,由分光器分成两束,其中50%的光透射到可调凹面镜,另外50%的光反射到固定平面镜。可调凹面镜移动至两束光的光程差是半波长的偶数倍时,这两束光发生相互干涉,干涉图由红外检测器捕获,再经过计算机傅里叶变换处理后得到红外光谱。傅里叶变换能在1 s内完成一次扫描,可同时测定所需的所有的波数区间,干涉仪比单色仪取得信息上要快4000倍。傅里叶变换红外光谱工作原理示意图如图7-5所示。

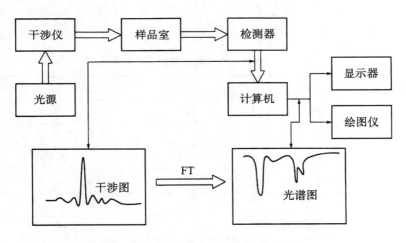

图 7-5　傅里叶变换红外光谱工作原理

• 技术特点

a.便携式傅里叶红外光谱仪灵敏度高。与传统色散型红外光谱仪相比,傅里叶红外谱仪没有狭缝的限制,光通量大,提高了光能的利用效率。

b.便携式傅里叶红外光谱仪扫描速度快。傅里叶红外光谱仪采用干涉仪产生的干涉光照射样品可一次性获得全波段的光谱信息。色散型红外光谱仪扫描波段比较窄,要分几次扫描才可获得全波段的光谱信息。

c.便携式傅里叶红外光谱仪波数准确性高。采用激光测量技术,使测试中光谱波数准确性、重复性得到提高。

d.便携式傅里叶红外光谱仪扫描波数范围大,具有多路通过的特点。

e.便携式傅里叶红外光谱仪的结构简单,光学部件少,适合野外使用。

• 应用范围

便携式傅里叶红外光谱仪可适用于气体、液体、固体粉末或胶体中有机污染物的检测。其中,专门分析气体的有 GASMET 便携式傅里叶红外气体分析仪和 GasID 便携式傅里叶红外气体分析仪;专门分析液体样品、固体粉末或胶体的有 Mobile-IR 便携式傅里叶红外光谱仪、Transport Kit 便携式傅里叶红外分析仪和 MLp 型便携式傅里叶红外光谱仪。

a.气体污染物检测。便携式傅里叶红外分析仪可对现场环境气体进行实时分析,可定性气体环境中 300 多种和定量 50 种污染物。监测物的浓度可在百万级以上。该类仪器可在应急监测初期,为环境事件处置提供准确可靠的监测数据。便携式傅里叶红外光谱仪的常规 50 种定量分析组分的名称和检出限如表 7-12 所示。

表 7-12　50 种定量分析组分的名称和检出限

序号	组分名称	分子式	检出限(ppv,体积分数)
1	水蒸气	H_2O	0.0006
2	一氧化碳	CO	1.053
3	二氧化碳	CO_2	0.268
4	一氧化二氮	N_2O	0.088
5	一氧化氮	NO	1.754
6	二氧化氮	NO_2	0.088
7	二氧化硫	SO_2	0.154
8	氨气	NH_3	0.272
9	氯化氢	HCl	1.446
10	氰化氢	HCN	0.858
11	氟化氢	HF	0.43
12	甲烷	CH_4	0.307
13	乙烷	C_2H_6	0.438
14	乙烯	C_2H_4	0.34
15	丙烷	C_2H_8	0.199
16	(正)己烷	C_6H_{14}	0.119
17	环己胺	C_6H_{12}	0.057

序号	组分名称	分子式	检出限（ppv,体积分数）
18	苯	C_6H_6	0.57
19	甲苯	C_7H_8	0.524
20	苯乙烯	C_8H_8	0.501
21	间二甲苯	C_8H_{10}	0.461
22	对二甲苯	C_8H_{10}	0.3
23	邻二甲苯	C_8H_{10}	0.397
24	乙酸	$C_2H_4O_2$	0.1
25	甲醛	CH_2O	0.415
26	丙酮	C_3H_6O	0.239
27	甲醇	CH_3OH	0.323
28	乙醇	C_2H_5OH	0.446
29	苯酚	C_6H_6O	0.189
30	二氯甲烷（氟利昂30）	$C_2H_2Cl_2$	0.587
31	氯仿	$CHCl_3$	0.272
32	1,1-二氯乙烷	$C_2H_4Cl_2$	0.68
33	1,2-二氯乙烷（氟利昂150）	$C_2H_4Cl_2$	0.758
34	三氯乙烯	C_2HCl_3	0.19
35	四氯乙烯	C_2Cl_4	0.072
36	光气	$COCl_2$	0.076
37	乙酸甲酯	$C_3H_6O_2$	0.081
38	乙酸乙酯	$C_4H_8O_2$	0.721
39	甲基丙烯酸酯	$C_4H_6O_2$	0.1
40	三甲胺	C_3H_9N	0.186
41	硝基苯	$C_6H_5NO_2$	0.088
42	氯苯	C_6H_5Cl	0.358
43	乙苯	C_8H_{10}	0.3
44	丙烯腈	C_3H_3N	0.893

序号	组分名称	分子式	检出限(ppv,体积分数)
45	二硫化碳	CS_2	0.034
46	苯胺	$C_6H_5NH_2$	0.186
47	氯乙烯	C_2H_3Cl	0.467
48	丙烯醛	C_3H_4O	0.177
49	乙醛	C_2H_4O	0.265
50	乙(酸)酐	$C_4H_6O_3$	0.042

b.水中有机污染物检测。便携式傅里叶红外分析仪最初只可以监测空气中的有机污染物,通过加装前处理装置后可以监测水中有机污染物,监测物的浓度范围是十亿级到百万级。过程:首先将水样前处理装置、管路和红外光谱仪连接形成一个封闭系统。通过红外光谱仪装置内置泵的抽吸作用,对水中的挥发性组分进行吹扫,含有挥发性组分的气体通过沉降室和过滤器过滤后,气体进入红外光谱仪检测器检测,然后从排气口进入水样前处理装置,循环往复多次使水样中挥发性物质达到气液平衡。检测装置如图7-6所示。

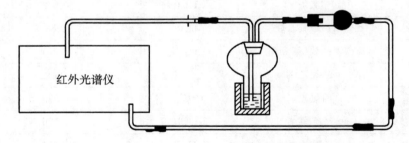

图 7-6 傅里叶红外光谱仪水中有机污染物检测装置示意图

便携式傅里叶红外分析仪通过加装前处理装置,能够检测水中 30 种挥发性有机污染物,测试范围和检出限如表7-13所示。

表 7-13　水中 30 种挥发性有机污染物检测参数和检出限

序号	污染物名称	测试范围（$\mu g/L$）	检出限（$\mu g/L$）
1	1,1-二氯乙烷	75～5000	50
2	1,2-二氯乙烷	75～5000	48
3	1,1-二氯乙烯	50～5000	38
4	1,2,4-三甲苯	30～2000	20
5	1,3,5-三甲苯	30～2000	27
6	苯	20～2000	15
7	苯乙烯	50～5000	30
8	对二甲苯	20～2000	11
9	二硫化碳	200～5000	150
10	二氯甲烷	100～3000	80
11	间二甲苯	20～2000	10
12	邻二甲苯	20～2000	11
13	氯苯	75～5000	68
14	氯甲烷	10～2000	5
15	氯乙烯	300～10000	220
16	三氯乙烯	100～3000	70
17	四氯乙烯	200～200000	1800
18	乙苯	25～2000	19
19	甲苯	60～2000	45
20	环己烷	50～5000	35
21	正己烷	50～5000	48
22	丙烯酸甲酯	300～100000	250
23	丙烯酸乙酯	50～5000	40
24	乙酸甲酯	10～2000	4
25	乙酸乙酯	20～2000	15
26	丙酮	350～500000	3200
27	甲醇	15000～2000000	12000

序号	污染物名称	测试范围(μg/L)	检出限(μg/L)
28	乙醇	10000～2000000	8000
29	异丙醇	15000～2000000	13000
30	正丁醇	10000～2000000	7000

• 使用操作

a. 每次测量前,必须加装粉尘过滤芯。如果样气中含有较多的粉尘等颗粒物,进入样品池前应先进行过滤,否则污垢将在样品池中积聚并且降低测量的准确度。导气管中的任何液体或浮尘都可能会进入样品池,影响光路的正常工作。

b. 测量时的仪器放置方式(水平或竖直)应与进行背景标定时的放置一致。在进行分析时,仪器需保持放置平稳无振动,样品气体的压力和温度应尽可能保持稳定。在搬动仪器时要小心,应尽量避免强烈的振动。

c. 如果在非常潮湿的环境中使用仪器或长时间切断电源,建议首先用干燥的氮气接通脱附口(Purge 口。流量为 0.3 L/min,通 10 min),对仪器内部进行去湿处理。

d. 在关闭仪器电源前,都要用氮气或干燥的清洁气体对样品池进行充分的清洗,然后卸下导气管,盖好进气口。当电源被关闭时,如果有腐蚀性的气体保留在样品池中,样品池中的光学反射镜会被腐蚀。经常测量高浓度的腐蚀性的气体会缩短样品池的使用寿命。

e. 清洁 GASMET 时不能用水清洗,也不能使用丙酮等清洁剂进行擦拭。如果仪器在灰尘大的环境中使用,建议经常检查仪器前置过滤芯,必要时更换。

(3)便携/手持式 X 射线荧光光谱法

• 技术原理

当原子受到 X 射线光子(初级 X 射线)或其他微观粒子的激发使原子内层电子电离而出现空位时,原子内层电子重新配位,较外层的电子跃迁到内层电子空位,并同时放射出次级 X 射线光子,此即 X 射线荧光。较外层电子跃迁到内层电子空位所释放的能量等于两电子能级的能量差,因此,X 射线荧光的波长对不同元素有不同的特征。

利用初级 X 射线光子或其他微观离子激发待测物质中的原子,使之产生荧光(次级 X 射线)而进行物质成分分析和化学态研究的方法;按激发、色散和探测方法的不同,分为 X 射线光谱法(波长色散)和 X 射线能谱法(能量色散)。

现阶段,多数便携/手持式 X 射线荧光光谱仪采用了能量色散 X 射线荧光技术。其结构由激发源、探测器、放大器、多道脉冲幅度分析器、笔记本电脑系统以及高低压电源系统等组成,结构组成示意图如图 7-7 所示。

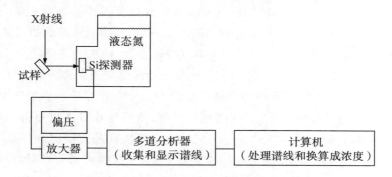

图 7-7　能量色散 X 射线荧光光谱仪结构示意图

• 技术特点

a.波长色散和能量色散 X 射线荧光光谱仪对元素的检测范围为 $1\times10^{-5}\%\sim100\%$,对水样的分析可达 1×10^{-9} 数量级;全反射 X 射线荧光管普的检测限 $1\times10^{-9}\sim1\times10^{-5}$ g。

b.X 射线荧光光谱是非破坏分析方法,可直接对块状、液体、粉末样品进行分析。

c.可分析镀层和薄膜的组成和厚度,如用基本参数法薄膜软件可分析多达 10 层膜的组成和厚度。

d. X 射线荧光谱仪不仅已具有自动化、智能化、小型化和专业化等特点,并且在性能上也有很大改进。

• 应用范围

目前,市场上比较常见的便携式 X 射线荧光仪以手持式能量色散仪器居多,具有体积小、重量轻、可手持测量的特点,便于携带,检测速度快,在小型化的同时也能满足一定的技术要求。该仪器可应用于土壤污染物进行原位测试与修复分析,地表土壤成分分析,也广泛应用于各类地质中,检测样品包括矿渣、岩石、泥土、泥浆等,是一种经济、快速、能一次完成多元素样品定量分析的方法。

• 使用操作

定性分析时,不规则的样品也可直接测量,不需要对样品进行特殊处理。但是对样品进行准确的定量分析时则需要对样品进行一定处理。X 射线荧光分析基本上是一种相对测量,需要有标准样品作为测量基准,而标准样品与待测样品的几何条件需要保持一致。因此,在野外对天然样品进行测量,其精度会稍差一些。在实验室内,对样品进行一些处理后,会得到较精确的结果。

a.样品制备。制备固体样品,如土壤、矿粉、粉尘、炉灰、水泥和石灰等,一般制样顺序如下:批量→多个小样→大量样品→粉碎缩分→制样→测定试样。若要获取较好的测量结果,建议将样品粒度控制在 200 目以下。一般情况下,将粉末样品放入样品杯中,即可直接测量。另外,使用压片方法也可得到较为准确的测量结果。制备液体样品:一是直接法,将液体样品直接倒入样品杯中进行分析;二是富集法,使用相关方法(如铜试剂、离子交换树脂等)富集液体样品中的待测元素;三是点滴法,将液体样品滴在滤纸上分析。

b.样品分析:在进行移动式操作(即手握仪器实时移动检测)时,将仪器枪头部位直接贴近待测样品,即可直接应用内置校准曲线进行样品测量。测量不同类型的样品时,需从程序栏选择其对应的测量模式,才能保证最佳的测量效果,如测定土壤时,选择"土壤常用模式"等。

c.影响因素:一是仪器在测量过程中要避免受到干扰,例如受到电机、振动、电焊、电磁、高压等的干扰。二是仪器不要在有灰尘或肮脏、温度过高或过低的地方使用,否则会导致测量结果不准,甚至损坏仪器内部器件。三是为使仪器长期保持工作正常,需定期对仪器的各项参数进行测试,并及时进行调整。

2.便携式电化学分析法

(1)便携式阳极溶出伏安法

• 技术原理

阳极溶出伏安法(ASV)又称"反向极谱法"。该方法是在一定条件下,先将溶液电解一定时间,使待测的金属离子沉积于电极上,然后反向施加电压,到达氧化电压后,富集在电极上的金属重新溶出,根据电解溶出曲线(见图 7-8)进行测定。因经预先电解富集,这种方法的灵敏度很高,一般可测 $1 \times 10^{-9} \sim 1 \times 10^{-8}$ mol/L 的浓度范围。

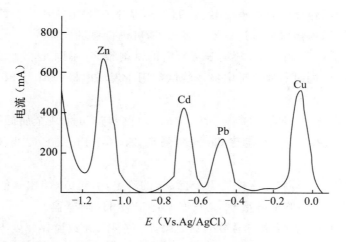

图 7-8 阳极溶出伏安曲线图

对于给定电解质溶液和电极,每种金属都有特定的氧化或溶出反应电压,该过程释放出的电子形成峰值电流。测量该电流并记录相应电势,根据氧化发生的电势值来识别金属种类,并通过它们氧化电势的差异同时测量多种金属。样品离子浓度的计算,是通过计算电流峰高或者面积并且与相同条件下的标准溶液相比较得出的。阳极溶出伏安技术原理如图 7-9 所示。

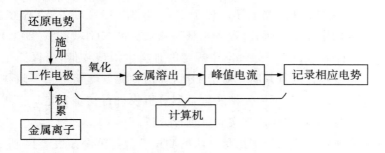

图 7-9 阳极溶出伏安技术原理示意图

• 技术特点

便携式重金属仪可分析多种金属元素,包括 Zn、Cd、Pb、Cu、Cr(VI)、Fe、Mn、As、Ni、Hg、Ag 等。在电极准备就绪的情况下,它测量时间快、检出限低,特别适合饮用水和干净的地表水的重金属的环境污染事件应急监测。与便携式分光光度计相比,它精密度和准确度高,且兼顾多元素同时分析优点,数据的偏差基本可控制在 5% 左右,误差可控制在 10% 左右。与实验室标准方法相比,它具有分析速度快且准确度较高的优点,基本在十几秒到几十秒内即可以完成一次分析;检出限低可达亚十亿级水平,可进行痕量分析。

该方法存在的缺点是,现场分析所需的试剂很多,不同元素金属需要准备不同的电解液,同时需要多种电极清洁试剂用于现场电极处理。分析中存在不同金属离子间的干扰。

a.在 Cd、Pb、Cu 同时进行分析时,Zn、Bi 可能与 Cu 生成金属间化合物,影响 Cu 的测定,所以 Zn 不能与 Cu 同时测定,Zn、Cd、Pb 或 Cd、Pb、Cu 可同时测定。

b.Hg、Pb、Fe 等在一定浓度下干扰 As 的测定,引起 As 溶出峰值下降。

c.Ag 会与 Hg 峰部分重叠,高浓度 Pb、Cd 使 Hg 峰增高。

d.分析组件的搅拌电机易被电解液腐蚀而损坏,导致搅拌速度下降或不稳定,将直接影响分析的灵敏度和稳定性。分析前电极的清理准备比较烦琐,电极的维护要求较高。

- 应用范围

阳极溶出伏安分析法主要用于溶液中重金属离子的现场测定和实验室分析。在环境监测领域主要用于重金属的污染事故或突发事件的现场监测中,如尾矿塌坝、化工厂爆炸、电镀冶金厂废水违规排放等事故的应急监测,以判断水体中重金属的污染情况。阳极溶出法可以测定多种金属元素,如 Zn、Cd、Pb、Cu、As、Hg、Cr(Ⅵ)、Fe、Mn 等。对于 Zn、Pb、Cu、As、Cr(Ⅵ)等多数元素 PDV6000plus 的定量下限远比《地表水环境质量标准》(GB 3838—2002)、《地下水质量标准》(GB/T 14848—1993)中规定的Ⅲ类水限值要低,可以满足对水体中这些金属是否超标进行判断。对于 Hg、Cd 两种元素测定定量下限在标准限值附近或高于标准限值,可用便携式重金属分析仪进行初步判定。当测定结果靠近定量下限时,可将水样送交实验室进行分析。

常规重金属便携式阳极溶出伏安法的测试参数与范围如表 7-14 所示。

表 7-14 便携式阳极溶出仪测试参数与范围

污染物名称	膜的选择	电镀时间(s)	沉积时间(s)	测试范围(mg/L)
铜、铅、镉	汞膜	120～300	0.5～60	5～800
锌	汞膜	120～300	0.5～60	0.5～800
汞、砷	汞膜	120～300	2～90	5～500
铁	金膜	300	10	5～8000

污染物名称	膜的选择	电镀时间(s)	沉积时间(s)	测试范围(mg/L)
镍	铬膜	300	10～300	5～8000
钴	铬膜	300	60～300	5～8000
锰	裸碳电极	300	根据峰高调节	5～1000

• 使用操作

a.分析过程中要适时对校准点进行回测,回测结果满足分析要求,则此之前的分析结果均可接受;但若发现回测值超出分析控制要求,则需要对之前分析的样品进行重新测定。

b.工作电极在分析前必须进行正确的打磨和清洁处理,处理好后的电极表面应是非常光亮的,不能有肉眼可见的污点,否则必须重新处理。

c.分析前应确认参比电极中 KCl 的量是否充足,且必须确认 AgCl 膜是否有缺损,如发现有银白斑露出必须重新镀膜,否则会影响电压值的测定,导致峰值漂移而无法准确定性。

d.若分析中发现空白有污染,应首先排查是否为电解液被污染,如果是且污染较重、不可忽略,应重新配制电解液,否则会影响标样及水样的分析。若不是则排查是否为分析杯污染或配制过程中引入的污染。

e.当发现水体中存在干扰离子或其他基体干扰因素时,应选用添加方法分析以消除基体效应。

f.Hg 和 Cr(Ⅵ)不应对较高浓度样品进行连续重复分析,必须分析一次后清洗 30 s 后再进行下一次分析,否则残留污染影响不可忽略。

g.仪器期间核查时建议选用 Cr(Ⅵ)元素或 As 元素进行核查实验,因为此两种元素对电极状态和搅拌速度要求比较高,可以比 Cd、Pb 等元素更全面地反映出仪器的工作状态。

h.镀膜分析电极与非镀膜裸电极应尽量分类使用,若不分开则需要在每次分析或镀膜后彻底清洗电极,避免对下一次分析产生干扰。

(2)便携式离子选择性电极法

• 技术原理

离子选择性电极又称"离子选择电极"或"离子电极",是一类利用膜电位测定溶液中离子活度或浓度的电化学传感器。离子选择电极具有将溶液中某种特定离子的活度转化成一定电位的能力,其电位与溶液中给定离子活度的对数呈线性关系。离子选择电极是膜电极,其核心部件是电极尖端的感应膜,按构造可分为固体膜电极、液膜电极和隔膜电极。离子选择电极法是电位分析的分支,一般用于直接电位法,也可用于电位滴定。目前,pH 和氟离子的测定所采用的离子选择电极法已定为标准方法。水质自动连续监测系统中,有 10 多个项目用离子选择电极法。

离子选择电极法测 pH 的原理:以玻璃电极为指示电极,饱和甘汞电极为参比电极,插入溶液中组成原电池。当氢离子浓度发生变化时,玻璃电极和甘汞电极之间的电动势也随之变化,在 25 ℃时,每单位 pH 标度的变化相当于 59.1 mV 电动势变化值,在仪器上直接以 pH 的读数表示。

离子选择电极法测水中氟离子的原理:电极上的氟化镧单晶膜存在晶格空穴,空穴的大小和形状与氟离子相匹配,所以对氟离子有特异选择性,在氟化镧电极膜两侧的不同浓度氟溶液之间存在电位差,电位差的大小与氟化物溶液的离子活度有关,氟电极与饱和甘汞电极组成一对原电池,利用电动势与离子活度负对数的线性关系直接求出水样中氟离子浓度。

• 技术特点

a.使用简便迅速,不需或很少需要另外辅助器材,在任何地方均可测试;常为浓度直读式,易于迅速给出浓度值。

b.应用范围广,尤其适用于对碱金属、硝酸根离子等的测定。

c.测定的是溶液中特定离子的活度而不是总浓度。

d.不受试液颜色、浊度等的影响,特别适于水质连续自动监测和现场分析。

• 应用范围

pH 和氟离子的选择性离子电极法都是成熟的标准检测方法,对应的国家标准分别为《水质 pH 值的测定　玻璃电极法》(GB/T 6920—1986)和《水质氟化物的测定　离子选择电极法》(GB/T 7484—1987)。由于该标准化的仪器体积小、便于携带,不仅可应用于实验室分析,还可应用于应急监测的现场测试。

a.pH 电极法适用范围

本法适用于饮用水、地面水及工业废水 pH 的测定,水的颜色、浊度、胶体物质、氧化剂、还原剂及高含盐量均不干扰测定。但在 pH<1 的强酸性溶液中,会有所谓"酸误差",可按酸度测定;在 pH>10 的碱性溶液中,因有大量钠离子存在,产生误差,使读数偏低,通常称为"钠差"。消除"钠差"的方法,除了使用特制的"低钠差"电极外,还可以选用与被测溶液的 pH 相近似的标准缓冲溶液对仪器进行校正。

b.氟离子选择电极法测定范围

本法适用于饮用水、地面水及工业废水中氟离子的测定,水的颜色、浊度均不干扰测定,适用于氟化物在 $0.05\sim1900$ mg/L 样品的检测。当水样中含有化合态(如氟硼酸盐)、络合态的氟化物时,应预先蒸馏分离后测定。

• 使用操作

选择性离子电极法使用时,温度会影响电极的电位和样品的电离平衡。因此,操作过程中须注意调节仪器的补偿装置与溶液的温度一致,并使被测样品与校正仪器用的标准缓冲溶液温度误差在 ±1 ℃之内。

a.pH 电极法的使用操作

玻璃电极在使用前先放入蒸馏水中浸泡 24 h 以上。

测定 pH 时,玻璃电极的球泡应全部浸入溶液中,并使其稍高于甘汞电极的陶瓷芯端,以免搅拌时碰坏。

必须注意玻璃电极的内电极与球泡之间、甘汞电极的内电极和陶瓷芯之间不得有气泡,以防断路。

甘汞电极中的饱和氯化钾溶液的液面必须高出汞体,在室温下应有少许氯化钾晶体存在,以保证氯化钾溶液饱和,但需注意氯化钾晶体不可过多,以防止堵塞与被测溶液的通路。

测定 pH 时,为减少空气和水样中二氧化碳的溶入或挥发,在测水样之前,不应提前打开水样瓶。

玻璃电极表面受到污染时,需进行处理。如果系附着无机盐结垢,可用温稀盐酸溶解;对钙、镁等难溶性结垢,可用 EDTA 二钠溶液溶解;沾有油污时,可用丙酮清洗。电极按上述方法处理后,应在蒸馏水中浸泡一昼夜再使用。注意忌用无水乙醇、脱水性洗涤剂处理电极。

b.氟离子选择电极法测定范围

每次测定样品时都应同步测试相应浓度的标准溶液,以检验仪器状态。

测定完成后应将电极浸泡于 300 mg/L 的氟化钠溶液中,所以在用之前应用去离子水充分洗净并擦干电极再测定。

测定完成后应将橡皮塞向上推,以封住填充口,防止参比液挥发。

(3)便携式电化学传感器法

• 技术原理

电化学传感器是利用有毒有害气体同电解液反应产生的电势差的方式,对常见的有毒有害气体进行检测的元件。定电位电解气体传感器通常由浸没在电解液中的三个电极构成,包括工作电极(working electrode)、参考电极

(reference electrode)、对电极(counter electrode)和进气孔。

传感器的工作原理为:被测气体由进气孔扩散到工作电极表面,在工作电极与电解液之间进行氧化还原反应。其反应的性质依工作电极的电极电位和被分析气体的化学性质而定。被分析气体为 SO_2、CO、H_2S、NO 等时发生氧化反应,被分析气体为 NO_2、Cl_2 等时发生还原反应。工作电极是由将具有催化活性金属的高纯度粉末(如铂),涂覆在透气憎水膜上形成的。工作电极得失电子数与被分析气体的浓度值成正比。传感器在工作时,由外电路在工作电极和参比电极之间施加一个恒电位差,使工作电极上保持一个恒定电位,待测气体通过传感器的渗透膜,扩散进入电解槽,发生氧化或还原反应。

• 技术特点

a.在三电极传感器上,通常由一个跳线来连接工作电极和参考电极。如果在储存过程中将其移除,则传感器需要很长时间来保持稳定和准备使用。某些传感器要求电极之间存在偏压,而且在这种情况下,传感器在出厂时带有9 V电池供电的电子电路。传感器稳定需要 30 min 至 24 h,并需要三周时间来继续保持稳定。

b.多数有毒气体传感器需要少量氧气来保持功能正常,传感器背面设有一个通气孔以达到该目的。因此,在非氧气环境中使用时应与制造商执行复检。

c.传感器内电池的电解质是一种水溶剂,用憎水屏障予以隔离,憎水屏障具有防止水溶剂泄漏的作用。然而,和其他气体分子一样,水蒸气可以穿过憎水屏障。在大湿度条件下,长时间暴露可能导致过量水分蓄积并导致泄漏;在低潮湿条件下,传感器可能燥结。设计用于监控高浓度气体的传感器具有较低孔率屏障以限制通过的气体分子量,因此不受湿度影响。

• 应用范围

常见的电化学传感器可以检测一氧化碳、硫化氢、一氧化氮、二氧化氮、二氧化硫、氯气、氨气、氢氰酸等多种无机有毒有害气体,还有专门测量氧气在空气中含量的电化学传感器。目前,电化学传感器的制造工艺较为成熟,性能指标也日趋稳定,可以用于检测 10^{-6} 级的威胁人员安全的有毒有害无机气体,能够在 $-25\sim50$ ℃条件下工作,并具有良好零点的稳定性和较高灵敏性。可测定的气体种类和测量范围如下:

AsH_3、乙硼烷、锗烷、SeH_4、PH_3($0\sim1\times10^{-6}$);溴气、ClO_2、氟气、O_3、光气($0\sim2$);氯气($0\sim11$);HCl、HCN、HF、NO_2、SO_2、硅烷($0\sim20$);硫化氢($0\sim50$);氨气、CO、NO($0\sim100$);氢气($0\sim4\%$);氧气($0\sim25\%$)。这类电化学传感器既可以单独使用,也可以根据需要组合成多参数电化学气体分析仪。

• 使用操作

在使用定电位电解传感器时,需要考核的基本指标有输出信号、电极电位、响应时间、响应线性度、测量重复性、抗干扰性、传感器使用寿命等。

根据定电位电解气体传感器特性,应注意经常检查电池容量,及时充电,以保证仪器处于良好状态;做到每 3～6 个月标定一次,以保证检测的准确性;在使用二年以后,应考虑更换传感器。

3.便携式色谱分析法

色谱法利用不同物质在不同相态的选择性分配,以固定相对流动相中的混合物进行洗脱,混合物中不同的物质会以不同的速度沿固定相移动,最终达到分离的效果。在色谱分析过程中,物质的迁移速度取决于它们与固定相和流动相的相对作用力。溶质和两相的吸引力是分子间的作用力,包括色散力、诱导效应、场间效应、氢键力和路易斯酸碱相互作用。对于离子,还有离子间的静电吸引力。被较强吸引在固定相上的溶质相对滞后于较强地吸引在流动相中的溶质,随着移动的反复进行与多次分配,混合物中的各组分得到分离。根据流动相和固定相的不同,色谱法分为气相色谱法和液相色谱法。根据物质的分离机制,又可以分为吸附色谱、分配色谱、离子交换色谱、凝胶色谱、亲和色谱等类别。

(1)便携式气相色谱

便携式气相色谱仪是将传统意义上的气相色谱仪微型化、便携化,在保留气相色谱强大的分离、定量能力的同时,避免了传统气相色谱仪体积大、功耗大的仪器特征,因其具有体积小、重量轻、便于携带、分析速度快、适合痕量分析监测的诸多优点,被广泛应用于现场应急监测、在线连续监测中。

• 技术原理

便携式气相色谱仪的工作原理主要是依据气相和固定相间试样中各组分具有不同分配系数,载气将气化后试样带入色谱柱中运行时,两相间组分就会进行多次反复分配,由于固定相具有不同的各组分溶解和吸附能力,所以在色谱柱中各组分具有不同运行速度,会在一定柱长后相互分离,并依此从色谱柱进入检测器,放大后的离子流信号就会将各组分的色谱峰在记录器上描绘出来。气相色谱仪通常包括载气系统、进样系统、色谱柱、检测系统、记录系统等五个系统。

• 技术特点

便携式气相色谱仪技术特点主要体现在进样方式、分离系统和检测器三个方面。

a.进样方式

目前,便携式气相色谱仪进样方式主要有三种。

第一种,气体直接进样。气相色谱仪内置抽气泵,由抽气泵将样品吸入,仪器经过吸附阱的富集后进行分析或直接进入仪器分析。采集的样品吸附浓缩、加热气化进样,主要用于分析低浓度挥发性有机物。

第二种,注射器进样。直接在进样口注射气态或液态样品,进样口高温汽化,用于高浓度挥发性有机物或半挥发性有机物的分析。

第三种,顶空进样。将水样加入顶空瓶,在 60 ℃左右加热平衡一段时间,然后进样分析。一些仪器在加热的同时增加了氮气吹脱,提高了分析的灵敏度。

b.色谱柱

便携式气相色谱仪使用的色谱柱主要有两类。

第一,特制短色谱柱。为达到快速分离效果,选择比台式气相色谱仪短很多的色谱柱(长度从 1~25 m 不等),从而大大提高分离速度。缺点是由于色谱柱缩短,所以分离效果有限,只能针对固定的、范围比较窄的化合物进行分离;而且由于色谱柱较短,溶剂的选择需慎重,避免造成溶剂干扰目标化合物;色谱柱一般只能从原生产厂家购买。

第二,一般商业色谱柱。该类色谱柱长度一般在 30 m 以上,适用的化合物种类多,能够保证分离效果,而且更换方便,成本比较低。缺点是:分析周期长,没有短柱分离速度快,如果要快速分析,只能缩短柱长,以牺牲分离效果来满足提高分离速度的要求。

c.检测器

热导检测器(Thermal Conductivity Detector,TCD)是利用被测组分和载气热导系数不同而响应的浓度型检测器,是整体性能检测器,属物理常数检测方法。它对所有的物质都有响应,结构简单,性能可靠,定量准确,价格低廉,经久耐用,是非破坏型检测器。

电子捕获检测器(Electron Capture Detector,ECD)是一种具有选择性、高灵敏度的浓度型检测器,它只对含有电负性元素(如卤素、硫、磷、氮等)的物质有响应。电负性越高,灵敏度愈高。

光离子化检测器(Photo Ionization Detector,PID)由激发源和离子化室两部分组成。激发源常用紫外灯,发射出光子进入离子化室,当光子能量大于样品组分的电离势时,样品分子吸收光子发生离子化,产生检测信号。高能量(如 11.7 eV 和 10.2 eV)紫外灯对多数化合物都有信号,类似通用型检测器。

　　微氩离子检测器(Micro Argon Ionization Detector,MAID)是以氩气(At)作为载气,以镍(Ni-63)作为放射源,当 At 气流过检测器时,某些氩原子赋能至激发态,称为"激子"(exitons)。与此同时,其他氩原子被电离。氩的激发能约为11.7 eV。当样品分子进入检测器时,与激子碰撞。在碰撞的过程中能量被释放给样品分子,激子将它们电离产生检测信号。

　　表面声波检测器(Surface Acoustic Wave Detector,SAWD)是采用声表面波原理制造出的独有创新的检测器,检测器内的压电石英晶片上电极的信号发送端产生500 MHz的表面声波,检测器表面对样品进行吸收,这样引起接收端的表面声波变化,产生检测信号。

　　• 应用范围

　　各种检测器的响应速度、灵敏度、稳定性和线性范围等性能各不相同,较理想的检测器灵敏度高、检测限低、响应快、线性范围宽和稳定性好。通用型检测器则要求对各种组分均有响应,而对选择性检测器则要求仅对某类型化合物有响应。便携式气相色谱仪常用检测器的应用范围见表 7-15。

表 7-15　便携式气相色谱仪常用检测器的应用范围

检测器种类	简称	性能特点	应用范围
热导检测器	TCD	通用性,检测限高	有机污染物、无机气体
电子俘获检测器	ECD	选择性,灵敏	电负性化合物,如卤素等
光离子化检测器	PID	选择性,灵敏	挥发性有机物
微氩电离检测器	MAID	选择性,灵敏,体积小	烯、醇、醛、酯、苯系物及其衍生物等
氩电离检测器	AID	选择性,灵敏	卤代烃类化合物
表面声波检测器	SAWD	选择性	挥发性和半挥发性有机物
火焰离子化检测器	FID	通用性	烃类化合物
火焰光度检测器	FPD	选择性,灵敏	含硫或含磷化合物
卤素检测器	XSD	选择性,灵敏	含氯化合物
检测器联用	FPD/FID	扩大检测范围,降低干扰	含硫、含磷以及含碳有机物
	PID/FID		芳香族及含碳有机物
	PID/XSD		芳香族及含氯化合物

• 使用操作

便携式气相色谱仪要应用于气体、液体及土壤中挥发性有机物（VOCs）的分析,可配备多种检测器,有多种进样方式,其分析灵敏度接近于实验室的气相色谱仪器。便携式气相色谱仪分析气体样品时,其内置恒流采样泵抽取一定体积空气样品,当气流流经装有少量吸附剂的预浓缩器时待测组分在室温下被捕集,解析时瞬间加热预浓缩器（400 ℃）,通过逆向载气流将化合物吹入毛细色谱柱,经色谱柱分离后进入检测器进行检测,并用保留时间定性、峰面积定量。样品除了能够通过预浓缩器进入仪器外,还可以通过直接注入和样品定量环的方式进入仪器。

a.配置组成

可同时配备多个检测器,如微氩离子检测器（MAID）、电子捕获检测器（ECD）、光电离子检测器（PID）等。

MAID 检测器:对电离电位低于 11.7 eV 的有机化合物灵敏。这些化合物包括卤甲烷类和卤乙烷类、四氯化碳和 1,1,1-三氯乙烷。

ECD 检测器:对电负性高的官能团如氯化或氮化—碳氢化合物较为灵敏。广泛用于分析氯化碳氢化合物,如 PCBs 和除虫剂。

PID 检测器:最常用的非放射性检测器。用于紫外辐射电离和检测电离电位低于 10.6 eV 的碳氢化合物。

便携式气相色谱仪器的常见配置:可配置微氩电离检测器,对一些常见检测器无法检测的物质有响应;色谱柱,有填充柱或毛细管柱可供选择,或者选择双柱系统;精确的炉温控制系统;内置载气气瓶、校准气气瓶和可充电电池,满足便携需要;配有自动进样泵和独立加热的柱上注射口,可以自动进样,也可以手动进样;预浓缩器和进样环,满足不同浓度组分的分析要求;外部设备接口,可选配附件包括吹扫捕集系统、顶空系统;专用的友好的菜单式操作软件。

b.技术参数

该仪器的主要技术参数包括:

220 V 交流电源或者 12 V 直流电源,可以使用交流转换器以延长使用时间;

对柱子进行恒温加热或程序升温,最高温度 179 ℃;

内部载气可供 8～16 h,内部校准气可供 3 周使用;

自动进样泵抽速,使用预浓缩器 70 mL/min 的采样速度,用进样环时 1000 m/min 的采样速度。

c.注意事项

该仪器在使用过程中应注意以下事项：

所用电源为 12 V 直流电源，始终保持仪器电池充满电状态；

定期分析空白样品，检查仪器状况，保证仪器能正常工作，仪器曲线约三个月进行一次校准；

用完仪器内置储气罐气体后，需充满放置，保证仪器能在紧急情况下正常分析样品，每次充氩气的最大压力为 1500 psi；

仪器分析完样品后，关闭 CMS 软件后色谱柱开始降温，需等 10 min 后方可关闭内置气瓶开关阀，保持氩气对色谱柱的保护；

完成样品分析后，使用氩气吹洗仪器内部管路，将仪器的接头和保护盖在分析完样品后重新接好，保持仪器管线不受污染，将仪器放回指定的位置。

（2）便携式离子色谱

离子色谱分析技术具有灵敏、快速、选择性好、可多组分同时测定等突出优点，为分析阴离子的首选方法，而我国也于 2001 年将其作为测定阴离子的方法列为环境监测行业标准。便携式离子色谱检测技术是在实验室离子色谱检测技术基础上发展起来的检测技术，它是将离子色谱仪的泵、检测器、柱箱等集成化、小型化，最终形成便携式离子色谱分析仪。目前的便携式离子色谱分析仪可对 F^-、Cl^-、Br^-、NO_2^-、PO_4^{3-}、NO_3^-、SO_4^{2-} 及 Li^+、Na^+、NH_4^+、K^+、Ca^{2+}、Mg^{2+} 等多种阳离子进行现场快速检测。

• 技术原理

离子色谱分析技术包括离子交换色谱技术、离子排斥色谱技术和离子对色谱技术。目前最常采用的是离子交换色谱技术，其原理主要基于阴阳离子与色谱柱固定相上的离子交换基团发生离子交换来实现离子分离。目前，阴离子色谱柱用表层适度磺化的聚苯乙烯和苯二乙烯共聚物（表面附聚阴离子交换树脂）填充，阳离子色谱柱多用交联聚苯乙烯磺酸型树脂填充。离子交换色谱分析时，样品中的阴阳离子在离子交换树脂上进行分离，淋洗液洗脱后经电导抑制进入电导检测器检测。便携式离子色谱技术正是以离子色谱技术检测原理为基础，将涉及的各部件进行集成，简化为便于携带，能在现场操作而制成便携式仪器。

• 技术特点

便携式离子色谱仪一般含输液泵、色谱柱、抑制器、检测器和数据记录分析系统。

a.输液泵。便携式离子色谱仪出现之初,由于技术的限制,其输液泵一般为低压泵,相应的所配备的分析柱较短、内径大、填料颗粒粗,灵敏度和分离度不够理想,所分析的离子也有限。随着科学技术的进步和环境监测的需要,目前便携式离子色谱仪采用的色谱柱与实验室离子色谱使用的分离柱相同,分离度和灵敏度有了质的飞跃,这时所采用的输液泵一般为高压泵,如单柱塞可编程平流泵,其最大工作压力可达 20 MPa。

b.色谱柱。便携式离子色谱所采用的色谱柱与实验室所用色谱柱相同,目前常用的有 IonPac 系列离子交换柱、Metrosep 系列离子交换柱、SH 系列离子交换柱,如 Ion PacAS14、Metrosep A5-250、IonPacAS9-HC、Metrosep A Supp 5-150、Metrosep A Supp3-250、IonPacAS23、SH-AC-1、SH-AC-Ⅱ 等阴离子和 IonPac CS12、SH-CC-IIB、SH-HM-1、Metrosep C4-150、IonPac CS16、Metrosep C4-150 等阳离子分离柱。

c.抑制器。与实验室离子色谱仪一样,便携式离子色谱仪的抑制器主要用作抑制淋洗液的背景电导,使淋洗液转换为电导很低的弱电解质或水。其类型有树脂填充抑制器、膜抑制器、膜柱复合型抑制器等。目前,最常用的为可连续自动再生的自身再生抑制器,如 SHY-6 型离子色谱薄膜式 CO_2 后抑制器、电解水自再生微膜抑制器、SMⅡ超微填充嵌体抑制器。

d.检测器。离子色谱的检测器主要有以下两类:电化学检测器和光学检测器。电化学检测器包括电导检测器、直流安培检测器、脉冲安培检测器和积分安培检测器;光学检测器包括紫外可见分光光度检测器和荧光检测器。随着联用技术的发展,另外还有 MS 检测器。目前,便携式离子色谱通常采用的是电导检测器。

e.数据记录分析系统。随着科学技术的发展,具有各自特色的数据记录和处理系统不断被推出,如 DSP 数字式信号处理技术、Chromeleon CE 变色龙控制分析软件、EASY2000 色谱工作站等。

常见便携式离子色谱仪组件构成图见图 7-10。

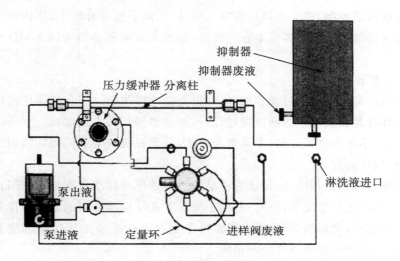

图 7-10　常见便携式离子色谱仪组件构成图

• 应用范围

目前,便携式离子色谱仪配合不同的分离柱和淋洗条件可用于 F^-、Cl^-、SO_4^{2-}、NO_3^-、PO_4^{3-}、NO_2^-、Na^+、K^+、NH_4^+、Mg^{2+}、Ca^{2+} 等常见阴阳离子,BrO_3^-、ClO_3^-、ClO_2^- 等消毒副产物以及极性有机化合物和生物类化合物等的检测。

• 使用操作

a.样品的采集与制备

离子色谱分析不同于传统手工比色、重量法等,因此进行样品采集时仅需用小体积塑料或玻璃瓶采集少量即可。根据样品的性质、待分析离子、干扰离子等选择适合的前处理方法进行。

b.样品的分析测试

首先,开启仪器。根据项目选择合适的淋洗液及色谱分析系统,系统和淋洗液配备不当时会损坏仪器。如进行阳离子分析时,应绝对避免使用阴离子的淋洗液及阴离子分析系统;做阴离子分析时,也应绝对避免使用阳离子的淋洗液和阳离子分析系统。

其次,调试仪器。根据分析目的,确认并设置仪器参数,如泵流量和检测器量程等,启动泵排气泡,关闭泵后观察压力,正常后开启抑制器,确认其正常工作后调零,平衡 30 min 待分析。

最后,样品分析。依次对标准溶液、有证标准样品和经适当处理的样品进行标准曲线的绘制、校准和样品测定。另外,在离子色谱分析中,用作淋洗液和配制标准溶液的水中的离子本底应极低,要求其电阻率必须达18.2 MΩ·cm或以上。

c.注意事项

多数样品仅需简单过滤和稀释,即可直接进样测定。部分液体样品以及固体和气体样品需较复杂的前处理过程,可提前参照相关方法进行。要求待进样的样品中,不含固体颗粒物,不含重金属、大分子有机物等任何可能损毁分离柱的成分,浓度适宜。

采集谱图的过程中,应该注意样品的进样顺序及冲洗进样针、进样过滤器、定量环等,防止发生交叉污染。原则上应该首先从标准系列的最低浓度开始进样并采集谱图,然后按照浓度增高的顺序依次进样并采集其他标准溶液的谱图,最后进样并采集被测样品的谱图。

进样并采集标准系列样品溶液谱图的过程中,每次进样之间应以 20 倍于定量环容积以上的被测标准溶液冲洗进样针、进样过滤器和定量环,方可采集被测标准溶液的谱图。

在分析过程中,应经常观察系统压力、电流表示数等,以监视仪器是否正常运行。另外,应注意淋洗液的剩余量,要绝对避免淋洗液抽空。还应注意废液瓶,防止废液溢出。

4.便携/车载式气相色谱质谱联用法

· 技术原理

便携/车载式气相色谱质谱仪和台式气相色谱质谱仪的原理相同,是气相色谱和质谱的联用,可充分发挥气相色谱法的高分离效率和质谱法的强定性能力。它是通过对被测样品离子化,利用不同离子在电场或磁场的运动规律,把离子按质荷比分开而得到质谱信息,能给出化合物的分子量、元素组成、经验式及分子结构信息,定性专属性强。其基本原理如图 7-11 所示。

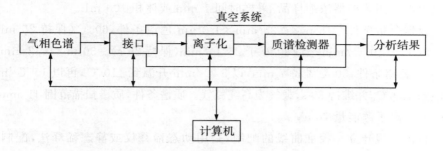

图 7-11 便携式/车载气相色谱质谱联用技术原理

目前应用于现场应急监测的气相色谱质谱联用仪主要分为两类:一类是便携式气相色谱质谱联用仪,另一类是车载式气相色谱质谱联用仪。

• 技术特点

便携式气相色谱质谱联用仪,除具有便携轻巧的特点外,还配置了应急监测现场前处理装置,如热脱附装置、顶空装置等。在应急监测现场时选择定性方法分析样品后,根据目标物选择所对应的定量方法进行定量,可完成目标物的快速定量。

此外,便携式气相色谱质谱联用仪还有以下几个主要特点:

a.使用氦气作载气,而非氦气或氢气;

b.有独特的膜片隔离阀,气体穿过装在膜片隔离阀上的膜片表面进入质谱系统,当膜片隔离阀开启时,只要质谱仪保持在真空条件下,允许一定量的有机化合物气流至质谱仪,同时有效地阻止非有机气体(如载气氦气);

c.质谱仪真空系统,要求真空度为 6×10^{-3} Pa 以下,初始真空通过涡轮分子泵和膜片泵等仪器获得,仪器运行的后续真空由 HAPSITE 装置的非蒸发吸气剂(NEG)泵和小型溅射离子泵保持,NEG 泵对抽除活性气体很有效,但不能抽除惰性气体,小型溅射离子泵用于抽除惰性气体。

• 应用操作

该仪器主要应用于污染事故现场空气和水体中 VOCs 定性和定量测定。常见型号的仪器使用操作可参考如下。

a.空气中有机物的快速分析

样品的采集。样品采样方式,可采用手持探头可自动采集大气样品,或由苏玛罐或气袋采样,再将苏玛罐或气袋连接至仪器。标气由动态气体稀释仪在线配制,然后连接至仪器;也可以苏玛罐或气袋配制标气,再将苏玛罐或气袋连接至仪器。用浓缩器浓缩样品,采样时间 1 min 或体积 100 mL。

仪器分析条件。15 m×0.25 mm×1.0 μm 色谱条件,60 ℃(保持 25 min)至 100 ℃于 10 ℃/min,至 180 ℃于 26 ℃/min(保持 26 s)。30 m×0.32 mm×1.0 μm 色谱条件,50 ℃维持 7 min,以 5 ℃/min 升温到 110 ℃,再以 15 ℃/min升温到 180 ℃,并维持 80 s,载气为高纯氮气。质谱条件,质谱扫描范围 41 amu~300 amu,离子源能量 70 eV。

标准曲线建立。校准曲线的配制,是用动态稀释仪或静态稀释法,配制五个不同浓度的标准气体连接至仪器或存于苏玛罐或气袋中。

开机准备仪器。主要包括以下几个步骤:连接采样探头;连接电源;装好内标气瓶和电池;装好载气瓶或打开外接高纯氮气源;打开电源开关,开机预热。

调谐完成后可编辑分析方法。在用仪器自带缺省的方法,这些方法一般能够满足分析测试的需求。测试人员可在缺省的方法下,根据测试样品的实际情况和目标化合物进行适当的修改。

分析标样。将配制好的标气或苏玛罐/气袋连接至仪器接口,打开开关阀。选择仪器自带的缺省的方法,启动主机前面板的"RUN"按钮,GC-Ms 进入分析流程。待采样完毕后,关闭开关阀。

标准物质分离情况。64 种标准物质组分名称及保留时间见表 7-16。

表 7-16　64 种标准物质组分名称及保留时间

序号	化合物	定量离子	保留时间(min)
1	丙烯	41	0:40
2	二氟三氯甲烷	85	0:41
3	一氯甲烷	50	0:41
4	1,1,2,2-四氟-1,2 氯乙烷	85	0:41
5	氯乙烯	62	0:44
6	丁二烯	54	0:43
7	一溴甲烷	94	0:45
8	氯乙烷	64	0:47
9	乙烯基溴	106	0:48
10	丙酮	43	0:49
11	异丙醇	45	0:51

序号	化合物	定量离子	保留时间（min）
12	一氟三氯甲烷	101	0:50
13	1,1-二氯乙烯	61	0:54
14	二氯甲烷	49	0:55
15	1,1,2-三氯-1,2,2-三氟乙烷	101	0:56
16	二硫化碳	76	0:57
17	反式-1,2-二氯乙烯	61	1:00
18	亚乙基二氯	63	1:02
19	2-甲氧基-甲基丙烷	73	1:02
20	乙酸乙烯酯	43	1:02
21	2-丁酮	72	1:05
22	顺式-1,2-二氯乙烯	61	1:09
23	乙酸乙酯	43	1:09
24	正乙烷	57	1:10
25	氯仿	83	1:12
26	四氢呋喃	72	1:18
27	1,2-二氯乙烷	62	1:21
28	1,1,1-三氯乙烷	97	1:25
29	苯	78	1:31
30	四氯化碳	117	1:33
31	环己烷	56	1:36
32	1,2-二氯丙烷	63	1:44
33	一溴二氯甲烷	83	1:48
34	2,2,4-三甲基戊烷	57	1:55
35	1,4-二噁烷	88	1:51
36	三氯乙烯	130	1:49
37	正庚烷	43	1:49
38	顺式-1,3-二氯-1-丙烯	75	2:09

167

序号	化合物	定量离子	保留时间（min）
39	4-甲基-2-戊酮	43	2：11
40	反式-1,3-二氯-1-丙烯	75	2：26
41	1,1,2-三氯乙烷	97	2：32
42	甲苯	91	2：41
43	2-己酮	43	2：53
44	二溴一氯甲烷	129	2：58
45	1,2-二溴乙烷	107	3：07
46	四氯乙烯	166	3：28
47	氯苯	112	4：00
48	乙苯	91	4：22
49	间二甲苯	91	4：31
50	对二甲苯	91	4：31
51	三溴甲烷	173	4：31
52	苯乙烯	104	4：50
53	邻二甲苯	91	4：56
54	对称四氯乙烷	83	4：56
55	4-乙基甲苯	105	6：18
56	1,3,5-三甲基苯	105	6：24
57	1,2,4-三甲基苯	105	6：51
58	氯代甲苯	91	6：57
59	1,3-二氯苯	146	6：56
60	对二氯苯	146	7：01
61	邻二氯苯	146	7：21
62	1,2,4 三氯苯	180	8：57
63	萘	128	9：01
64	1,1,2,3,4,4-六氯-1,3-丁二烯	225	9：28

b.水中挥发性有机污染物快速分析

样品的前处理。取 20 mL 水样置于顶空瓶,并加入与标准曲线中相同体积的内标化合物,盖好瓶盖,摇匀并倒置,待分析。

仪器分析条件。色谱柱:HP-1MS,15 m×0.25 mm×1.0 μm;温度设置:60 ℃(保持 2 min,30 s)以 10 ℃/min 速度上升至 100 ℃,以 26 ℃/min 的速度上升至 180 ℃,保持 26 s;质谱条件:质谱扫描范围 41 amu～300 amu,离子源能量 70 eV。

标准曲线建立。空白样品,准确移取 20 mL 试剂水放入 40 mL 顶空瓶中,再加入内标使用液 1 mL,加盖密封,轻轻摇匀,备用。标准曲线浓度,用标准物质配置 20 mL 浓度分别为 5 μg/L、10 μg/L、15 μg/L、20 μg/L、25 μg/L。内标物质,每瓶中加入 1 μL 内标化合物,INFICON HSS 内部标准混合物(IPN071-478)。

开机准备仪器。开机前的准备工作包括以下几步:连接电源,确保主机、顶空装置电源线接入;连接好主机和顶空装置之间的传输线;装好载气瓶或打开外接高纯氮气源(压力调节至 0.5 MPa);装好内标气瓶和电池;打开主机、顶空装置电源开关;检查顶空装置内吹扫针已插入净吹(空的)顶空小瓶中。调谐完成后可编辑分析方法。在用仪器自带缺省的方法,这些方法一般能够满足分析测试的需求。测试人员可在缺省的方法下,根据测试样品的实际情况和目标化合物进行适当的修改。

分析标样。在各项温度模块达到预设值后,我们可将测试样品放入顶空装置预热。具体操作为将已装样的分析小瓶放上导针黑盖,然后放入顶空进样系统的加热孔中,进行样品预热。便携 GC-MS 的顶空装置需人工控制,预热时间控制是否精密直接影响校准曲线的线性关系和测定结果的准确度。因此,建议最好用定时器控制,以保证所有样品预热时间尽量保持一致。预热时间的长短视测定目标化合物而定,但加热时间过长,有可能导致曲线一般情况下在相关条件实验的基础之上选择性关系不佳。在对挥发性有机物分析时需 15 min 的加热时间。

另外,选择好加热时间的起点,可节省实验时间。加热时间起点的选择可根据分析方法时间的长短和样品预热时间进行计算,选择最优的加热起始点。

测试样品的预热平衡时间达到设定值后,快速掀开顶空进样系统加热器上盖,拉住吹扫针旋转柄提升到顶,将吹扫针旋转对准待测样品分析小瓶,小心将吹扫针导引下插进入分析小瓶中,下插到底。

启动主机前面板的"RUN"按钮,GC-MS 进入分析流程。

　　分析流程结束后,主机屏幕提示将吹扫针转移插入吹净顶空小瓶中,掀开顶空进样系统加热器上盖,将吹扫针从样品分析小瓶转移到吹净顶空小瓶中,启动"SEL"按钮,进入自吹净流程。自吹净流程结束后,主机提示按"RUN"按钮,开始下一次分析流程。

　　水中挥发性有机物定量方法参数见表7-17。

表 7-17　水中挥发性有机物定量方法参数

序号	化合物	定量离子	保留时间（min）	相对标准偏差（%）	检出限（μg/L）	回收率（%）
1	1,1-二氯乙烯	61	1:56	7.4	0.28	91
2	二氯甲烷	84	1:58	5.6	0.50	98
3	反-1,2-二氯乙烯	61	2:14	5.5	0.3	92
4	1,1-二氯乙烷	63	2:18	6.5	0.1	95
5	顺-1,2-二氯乙烯	61	2:36	8.7	0.15	89
6	溴氯甲烷	130	2:40	7.6	0.35	90
7	氯仿	83	2:43	5.3	0.75	80
8	1,2-二氯乙烷	62	3:04	4.9	0.35	89
9	1,1,1-三氯乙烷	97	3:13	5.0	0.25	91
10	1,1-二氯丙烯	75	3:23	5.5	0.40	101
11	苯	78	3:28	6.5	0.35	92
12	四氯化碳	117	3:35	5.5	0.35	96
13	二溴甲烷	174	4:03	5.3	0.62	100
14	1,2-二氯丙烷	63	4:04	6.1	0.35	96
15	一溴二氯甲烷	83	4:15	4.3	0.85	89
16	三氯乙烯	130	4:16	3.7	0.25	92
17	顺-1,3-二氯丙烯	75	5:12	4.6	0.25	89
18	反-1,3-二氯丙烯	75	5:55	6.2	0.85	89
19	1,1,2-三氯乙烷	61	6:09	4.1	0.60	90
20	甲苯	91	6:34	8.1	0.20	95

170

序号	化合物	定量离子	保留时间（min）	相对标准偏差（%）	检出限（μg/L）	回收率（%）
21	一氯二溴甲烷	129	7:18	7.5	0.45	75
22	1,2-二溴乙烷	109	7:45	7.3	0.50	82
23	四氯乙烯	166	8:44	6.8	0.35	88
24	氯苯	112	10:11	3.9	0.25	91
25	1,1,2-四氯乙烷	133	10:11	7.2	0.32	99
26	乙苯	91	11:07	5.1	0.15	100
27	间对二甲苯	91	11:34	10.2	0.20	105
28	苯乙烯	104	12:22	6.8	0.20	98
29	邻二甲苯	91	12:36	6.8	0.30	89
30	1,2,3-三氯丙烷	75	12:56	9.1	0.40	92
31	溴苯	156	14:04	8.9	0.35	86
32	异丙苯	105	14:06	6.9	0.30	90
33	4-氯甲苯	91	15:08	9.2	0.60	87
34	2-氯甲苯	126	15:21	8.9	0.45	88
35	正丙苯	91	15:23	9.4	0.50	93
36	1,3,5-三甲基苯	105	16:03	10.8	0.50	86
37	叔丁苯	119	17:03	12.4	0.35	91
38	1,2,4-三甲基苯	105	17:04	9.8	0.25	96
39	1,3-二氯苯	146	17:17	9.0	0.25	100
40	1,4-二氯苯	146	17:29	6.5	0.30	88
41	仲丁苯	105	17:49	6.7	0.35	85
42	对异丙苯	119	18:21	10.8	0.25	92
43	1,2-二氯苯	146	18:23	7.2	0.20	94
44	正丁苯	91	19:32	9.1	0.30	106
45	1,2-二溴-3-氯丙烷	157	19:39	11.5	0.55	98

序号	化合物	定量离子	保留时间（min）	相对标准偏差（%）	检出限（μg/L）	回收率（%）
46	1,2,4-三氯苯	180	22:23	7.3	0.25	101
47	萘	128	22:32	6.9	0.50	93
48	1,2,3-三氯苯	180	23:01	8.2	0.30	92
49	六氯丁二烯	190	23:18	7.2	0.50	89

c.水中半挥发性有机物快速分析

固相微萃取（SPME）采样系统是高灵敏度采样设备与 HAPSITE© ER 便携式 GC-MS 配合用于现场测试挥发性有机物（VOCs）和半挥发性有机化合物（SVOCs）。当与 ER 联合使用时，SPME 采样系统执行快速的定性分析。SPME 采样成套件包含三种纤维，用于纤维手柄和连接至 ER 通用接口的 SPME 采样系统。每种 SPME 纤维涂覆特定的聚合物，对不同性质化合物物理吸附性不一样，能使目标化合物的富集最佳化，纤维可按新的应用要求互换。纤维固定在轻的手柄上，在样品收集过程中从有保护的针状壳体中暴露出来。采样后，将纤维插入和暴露于 SPME 采样系统，在 SPME 热解析室中，将从纤维中解析的分析物送至 HAPSITE 进行分析。

仪器及试剂：HAPSITE 便携式气质联用仪，SPME 固相微萃取装置；40 mL顶空小瓶、5 μL 微量注射器、甲醇。

样品前处理：20 mL 水样添加至 40 mL 顶空样瓶中，然后将样瓶盖好，将小瓶里的水密封好。选择合适的纤维头，连接至 SPME 纤维手柄上。采样前，先在 SPME 采样系统中将该纤维头用该类型的缺省处理方法进行 Condition 老化处理，然后将纤维手柄的针头插入并穿过样瓶的 PTFE 薄膜，纤维头暴露和浸在水样品中 10 min。待富集完，将 SPME 纤维收回，

离开样瓶，采样结果待分析。

仪器分析条件：柱，HP-1MS,15 m×0.25 mm（内径）×10 μm；柱温程序，60 ℃保持 2.0 min,以 16 ℃/min 升至 120 ℃,再以 24 ℃/min 升至 200 ℃,保持 5 min 55 s;质谱条件，质谱扫描范围 41 amu~300 amu,离子源能量 70 eV。

标准曲线建立：由于 SPME 准确定量受到较多因素的影响，水温、水中盐浓度、搅拌速率、提取时间、纤维头使用次数等都对定量结果有较大影响。因此，由于现场实验设备和条件有限，时间也紧迫，做到准确定量十分困难，所以这里

暂只介绍定性分析过程。如需要准确定量分析,建立校准曲线过程基本同顶空方法。

开机准备:开机前的准备工作包括以下几步,连接好主机电源;连接好主机和 SPME 采样系统;装好载气瓶或打开外接高纯氮气源(压力调节至 5 MPa);装好内标气瓶和电池;打开主机电源开关。调谐完成后可编辑分析方法。在用仪器自带缺省的方法,这些方法一般能够满足分析测试的需求。测试人员可在缺省的方法下,根据测试样品的实际情况和目标化合物进行适当的修改。

分析样品:在仪器面板上运行 SPME 分析方法,当仪器提示插入纤维头时,将采完样的纤维手柄插入 SPME 采样系统的热脱附衬管,并推出纤维头,再按面板上的确定键。纤维头在热脱附衬管里脱附进样,当进样完成后,面板提示拔出纤维头,此时先收回纤维头,再拔出采样手柄,同时按面板确认键,完成热脱附进样。

SPME 纤维头经热脱附后,有两种分析方法:一种是直接进质谱检测器定性分析,另一种方法是样品先进入色谱柱,之后进行分离再进质谱检测器定性分析。

水中酚类化合物定量方法参数见表 7-18。

表 7-18　水中酚类化合物定量方法参数

序号	化合物	定量离子	保留时间(min)	相对标准偏差(%)	检出限(μg/L)	回收率(%)
1	苯酚	94	12.22	15.4	1.0	58～141
2	2-氯酚	128	12.33	7.1	0.3	93～118
3	间甲酚	108	14.29	6.4	1.0	100～136
4	2,4-二甲酚	107	15.75	6.0	0.3	84～144
5	2,4-二氯酚	162	16.18	11.2	0.1	87～136
6	对氨间甲酚	107	18.39	8.5	0.3	67～134
7	2,4,6-三氯酚	196	19.53	8.0	0.3	68～111
8	4-硝基酚	139	22.39	19.3	2.5	71～133
9	五氯酚	266	25.62	12.8	0.5	62～110

5.生物应急监测法

生物监测就是指利用生物个体、种群或群落对环境中污染物的反应,即在各种污染环境下所发出的各种信息,来快速地阐明和判断环境污染状况的一种手段,从生物学角度为环境质量的监测和评价提供依据。虽然理化监测方法容易实现标准化,能够准确检出目标污染物的准确含量,但无法全面评价环境的质量状况,而生物监测更具有直观、客观、综合和历史可溯源性的特点,可反映污染物的综合毒性效应,能够评估污染物对人体健康或生态环境产生的潜在危害。因此,在突发环境事件应急监测中,可将生物监测与理化监测相互弥补,综合评价环境质量、判断污染状况,为环境管理提供科学依据。

(1)生物综合毒性检测技术

现有的生物综合毒性检测技术都采用让受试生物暴露在需要评价的环境或样品中,观察受试生物的生理反应,从而做出对受试生物的毒性判断,并间接反映污染物对人体健康或环境安全的危害的方法。该类检测技术可以采用各种不同受试生物进行毒性检测,如发光菌、水蚤、藻类、鱼类、小鼠等,其中发光菌毒性检测技术能快速、全面地用于突发环境事件应急监测,并被广泛应用于水环境的快速毒性检测,因此该技术相对其他生物毒性检测更符合应急监测的要求。

• 技术原理

发光细菌检测技术是利用灵敏的光电测量系统测定毒物对发光细菌发光强度的影响,判断毒物毒性的大小。基于发光细菌相对发光度与水样毒性组分总浓度呈显著负相关,因而可通过生物发光光度计测定水样的相对发光度,以此表示其急性水平。

水质急性毒性水平可按选用适当的参比物浓度(以 mg 为单位)来表征,或选用 EC_{50} 值(半数有效浓度,以样品液百分浓度为单位)来表征。目前常用的参比毒物包括氯化汞、硫酸锌、硫酸铜及苯酚等。

• 技术特点

传统的生物综合毒性监测以水蚤、藻类或鱼类等作为受试对象,虽然能反映毒物对生物的直接影响,但是这些方法的最大缺点是实验周期长,实验比较烦琐。针对传统生物毒性检测方法的不足,发光细菌法作为一种具有快速、灵敏和廉价等优点的直接生物测试方法,在环境应急监测中发挥了重要的作用。

发光细菌法具有灵敏度高、相关性好、反应速度快、成本低廉、自动化程度高、操作简便、测量结果直观等诸多优点。它不仅能测定单因子指标,还能快速准确测出环境的综合毒性指标,具有理化法无可比拟的优势。

该方法的缺点主要在于:第一,以生物体为受试物进行毒性测试均存在结果重现性不高的缺点,发光细菌毒性测试方法也不例外,但制成发光菌冻干粉后,可使结果重现性有明显提高,可控制在10%以内。第二,由于细菌对外界影响有较强的敏感性,抗干扰能力差,因此环境影响或样品的色度可能会对检测结果造成干扰。第三,如何用统一的评价标准进行健康分级还是一个有待研究的问题。

• 应用范围

在应急监测中,理化监测虽然比较敏感而精确,但是由于技术范围所限,在针对特定化学成分分析的过程中,没有预料到的毒性物质总是检测不到,这就使常规实验方法只能检测部分毒性物质。此外,即使样品的化学成分已经很清楚,也无法确定其毒性,特别是在混合样本中,不同的化学物质相互促进或相互抑制,使毒性增强或降低。所以,针对特定化学有毒成分的检验一般适用于已知毒性的样品的化学成分分析。

20世纪70年代至80年代初,国外科学家首次从海鱼体表分离和筛选出对人体无害而对环境敏感的发光细菌,并用于水体生物毒性检测,成为一种简单、快速的生物毒性检测手段。80年代初我国引进了这项技术,并先后分离出海水型和淡水型(青海弧菌)发光细菌,用以检测环境污染物的急性生物毒性。

在我国,利用发光细菌毒性试验检测环境污染物急性毒性备受重视。目前,该检测技术已经广泛应用于化学品、污水、沉积物和土壤等的毒性测试,能够在短时间内反映水质的综合毒性状况,判断水体是否适于作为饮用水水源除此之外,利用发光细菌制作生物传感器,成为国内外传感器研究和发展的热点,发光菌在线监测技术也已经在国内的部分地区示范应用。

• 使用操作

样品的采集:按照《水质采样技术指导》(HJ 494—2009)的规定采集200 m左右水样于采样瓶中,如果样品中含有余氯时,需事先在灭菌瓶内加入0.3 mL 10%硫代硫酸钠溶液。

样品的保存:采集好的样品应在6 h内进行毒性检验,如果不能及时送检,应保存在0～4 ℃中,最多不超过24 h;由于特殊原因超过24 h,可考虑现场检验。

发光菌悬液的准备:目前各种用于检测的发光细菌均已制成冻干粉,因此在检测前仅需复苏即可使用。通常操作步骤为:发光菌冻干粉—添加适量复苏液—冻干粉剂完全溶解—调整菌液浓度—数分钟后恢复发光—用于检测。

样品预处理:对样品一般无需做特别处理,如水样中含有余氯时,需加入硫代硫酸钠溶液予以去除;如水样 pH<5 或 pH>9 时,需调至 7 左右;固态样品需溶于水或用其浸出液,必要时调 pH 至 7 左右。对含有固体悬浮物的水样须过滤或离心去除,以免干扰测定。

测定分析:比较国内外所制订的发光细菌毒性测定标准,测定流程大体相同,所不同的是冻干菌粉用的复苏液、缓冲液不同,以及菌悬液和样品规定作用时间不同。检测基本操作流程为:样品预处理—样品调节 Na 浓度(淡水菌除外)—取 1 mL 样品注入各测量管(对照不加样品,只加入缓冲液)—在各测量管中加入复苏菌液—控制反应时间—按设定时间依次测定各测量管的发光强度—计算相对发光强度—评估样品毒性大小。

数据处理与评价:通过上述操作步骤的测定,可以得到对照测量管和各种不同浓度的样品管的发光强度,套用下列公式可计算出相对发光强度和发光抑制率。

$$相对发光强度(\%)=样品管光强/对照管光强×100\%$$
$$发光抑制率(\%)=1-相对发光强度$$

样品生物毒性大小判别一般有三种方法:

标准毒物相对发光强度进行比对。我国 1995 年发布的国标中就规定用 $HgCl_2$ 作为标准毒物,在检测样品同时,也检测不同系列浓度的 $HgCl_2$ 相对发光强度,制作标准曲线,以样品的相对发光强度在标准曲线上查得对应的 $HgCl_2$ 毒性。用 $HgCl_2$ 作为标准毒物的优点是,它在医学毒理学研究中被作为典型的细胞毒性物质,常用于毒性试验的阳性对照物。欧盟的标准中规定用重铬酸钾为标准毒物。

以 EC50 值评定样品的生物毒性水平。ECs 在毒理学应用非常广泛,EC50 值即半致死剂量,就是能抑制 50% 的细菌发光强度时,该样品的浓度值,通常采用 mg/L 表示,ECs0 值越小,毒性越大。这样在客观上对各种不同的样品或毒物的毒性大小可给出一个统一的比较和判断。

以样品的相对发光强度来评判。用样品的相对发光强度来评估毒性大小相对上述两种评价方法更容易,也更适合环境应急监测使用,它是在大量的实验和应用数据的基础上,按照标准毒物的比对而制定的(见表 7-19 至表 7-21)。

表 7-19　明亮发光杆菌急性毒性的分级标准

毒性等级	相对发光强度(%)	毒性评价
Ⅰ	>70	低毒

毒性等级	相对发光强度(%)	毒性评价
Ⅱ	50~70	中毒
Ⅲ	30~50	重毒
Ⅳ	0~30	高毒
Ⅴ	0	剧毒

表 7-20 费氏弧菌急性毒性的分级标准

毒性等级	相对发光强度(%)	毒性评价
Ⅰ	60~100	低毒或无毒
Ⅱ	25~60	中毒
Ⅲ	0~25	高毒

表 7-21 青海弧菌急性毒性的分级标准

毒性等级	相对发光强度(%)	毒性评价
Ⅰ	>100	无毒
Ⅱ	75~100	微毒
Ⅲ	25~75	毒
Ⅳ	<25	强毒

(2)粪大肠菌群快速检测技术

在水环境污染事件中,针对微生物类型的污染事故,开展指示菌——粪大肠菌群监测,是一种有效掌握污染情况的好方法。当地震等自然灾害过后,水体存在被大量微生物(尤其肠道病原菌)所污染的威胁,若被人饮用则会爆发严重疾病,如菌血症、脑膜炎、急性肠道等疾病。加强饮用水水质应急监测的同时,也不能轻视水中病原微生物的种类和数量。但是传统多管发酵法,工作量大、操作烦琐、周期长。测定粪大肠菌的快速监测方法——酶底物法,已被广泛用于进行地表水微生物污染事件的应急监测。

• 技术原理

固定底物技术酶底物法(DST 酶底物法)采用大肠菌群细菌能产生 β-半乳糖苷酶分解 ONPG 使培养液呈黄色,以及大肠埃希氏菌产生 β-葡萄糖醛酸酶分解 MUG 使培养液在波长 366 nm 紫外光下产生荧光的原理,来判断水样中是否含有大肠菌群及大肠埃希氏菌。

固定底物技术酶底物法可以较好地弥补传统方法的不足。根据《生活饮用水标准检验方法　微生物指标》(GB/T 5750.12—2006)中推荐的固定底物酶底物法,可购买到市售化试剂。用于检测 100 mL 水样,只需手工操作 1 min,无须无菌实验室,即可在24 h内定量检测出水中粪大肠菌群数。此方法极大地减少了工作量,避免了使用多管法的逐级稀释带来的操作误差,也避免了使用滤膜法时肉眼读数的人为误差。

• 技术特点

和传统的多管发酵法相比,固定底物酶底物法的特点在于方便、快捷、准确;步骤少,操作简单,检测时间较短(24 h);操作人员无须专门培训,一个样品的处理操作时间小于 1 min,方法易于推广;无须确认实验,不需要专门的无菌间,在条件较差的污染事件现场也能应用,且适用于各种水样;该方法使用的试剂可提供选择性杂菌抑制,能有效避免传统方法产生的假阳性反应,非常适合应急监测需求;更主要的是检测准确度高,满足国家标准方法要求。

• 应用范围

目前,酶底物法已广泛地应用于水中大肠杆菌群以及大肠杆菌的检测。在美国,90％以上的实验室使用酶底物检测技术。我国《生活饮用水标准检验方法　微生物指标》(GB/T 5750.12—2006)中总大肠菌群的标准方法即包括了酶底物法,各级环境监测系统均已普遍采用酶底物检测技术。

• 使用操作

样品采集和保存:按照《水质　采样技术指导》(HJ 494—2009)的规定采集 500 m左右水样于灭菌采样瓶中,如果样品中含有余氯时,需事先在灭菌瓶内加入 0.3 mL 10％硫代硫酸钠溶液;如样品中铜、锌等重金属含量较高时,应事先在灭菌瓶内加入 1 mL15％的乙二胺四乙酸二钠(EDTA-2Na)溶液。

采集好的水样应尽快运往实验室进行检验,如果不能及时送检,应保存在 0～4 ℃的环境中,最多不超过 6 h;由于特殊原因送检时间超过 6 h,可考虑现场检验。

水样稀释:直接量取 100 mL 水样,若水样污染严重,可对水样进行稀释。取 10 mL 水样加入 90 mL 无菌纯水,必要时可加大稀释度,但需按 10 的 n 次方倍稀释(如 10 倍、100 倍、1000 倍等)。

加样:量取 100 mL 水样,直接加入(27±0.5)gMMO-MUG 培养基粉末,混摇均匀使之完全溶解后。全部倒入无菌定量盘内,以手抚平定量盘背面以赶除孔穴内气泡,然后用程控定量封口机封口。放入(44.5±1)℃的培养箱中培养24 h。

结果判读:将水样培养24 h后进行结果判读,如出现黄色反应就可确认为阳性反应。根据有阳性反应的孔穴数组合,对照MPN表得出结果。

第八章　实验室快速应急监测技术

　　突发环境事件应急监测技术规范要求,难以在现场进行分析测试的污染物应及时送回实验室进行分析。但实验室标准方法为达到较低的方法检出限及较好的质量控制,往往针对特定污染物专门制定,测试对象单一、前处理复杂、分析速度慢,通常不适用于应急监测。因此,为满足应急监测工作需要,建立完善实验室快速应急监测技术非常必要。

　　实验室快速监测技术往往可以在以下几方面发挥作用:一是对于事故现场未知或复杂污染物,能够更准确地判断污染物种类和浓度,从而确定污染范围和污染程度,为应急处置及决策需要提供准确可靠的技术支撑;二是在应急监测结束后,可与现场应急监测结果进行对照,综合分析评价应急监测方法、仪器选用的合理性;三是建立实验室快速监测技术储备,逐步建立完善应急监测实验室快速监测技术体系,为将来及时有效地处置突发环境事件提供技术支撑。

第一节　大气应急样品实验室快速监测技术

　　大气应急样品实验室快速应急监测,主要包括实验室的快速前处理和仪器快速分析等。通过选用具有选择性及抗干扰能力强,灵敏度、准确度和再现性好的实验室快速应急监测技术,可减轻大气环境污染事故造成的损失和危害,为及时采取有效的应急处理处置措施提供科学的决策支持。

一、快速前处理

　　样品的前处理是实验室分析过程中一个十分重要的步骤,前处理过程的先进与否直接关系到分析方法的优劣。在实验室快速应急监测技术中,引入快速先进的样品前处理技术,不仅极大地缩短了样品的分析时间,而且提供了高准确度、高灵敏度、高选择性及抗干扰能力强的分析方法,可为突发环境事件应急监测迅速有效地全面开展提供支持。目前,大气应急样品中重金属常用的前处理方法为电热板消解和微波消解等;VOCs 常用的前处理方法有溶剂解吸、热解吸和预浓缩等;SVOCs 常用的前处理方法有索氏提取、加速溶剂萃取、超声提取和微波萃取等。

(一)重金属前处理方法

大气应急样品中重金属常用的消解方法有熔融法、硫酸-灰化法、电热板消解法、索氏提取法、微波消解法。除第一种方法,其他方法都要用混合酸进行消解,如 HNO_3-HCO_4、$HNO_3-H_2SO_4$、$HNO_3-H_2O_2$、HNO_3-HF 等。

1.熔融法

熔融法是将采集到的样品膜用氢氧化钠熔融,然后用盐酸溶解制成样品溶液。该方法的主要缺点是稀释倍数过大,这对痕量元素的测定影响很大。另外,熔剂会引入显著量的杂质,使空白增大。

2.硫酸-灰化法

硫酸-灰化法是将采集到的样品膜放入石英坩埚,加 H_2SO_4,然后将坩埚置于马弗炉加热至有机物全部灼烧。该方法的优点是试剂用量少,空白值低,样品处理彻底;缺点是操作繁杂,工作周期长。

3.电热板消解

根据不同的采样滤膜,选用合适的酸消解体系进行消解。这种方法的优点是设备简单,操作容易,处理周期短;缺点是样品易污染。

4.索氏提取法

索氏提取法是将采集到的样品膜卷成筒置于索氏提取器内,蒸馏瓶中加入 HNO_3 回流,浓缩并蒸干定容。此方法的优点是体系密闭,样品不易污染;缺点是用酸量大,空白值高,部分元素提取不彻底,精密度差,操作繁杂,周期长,处理样品批量小。

5.微波消解法

微波消解法是将采集到的样品膜置于溶样杯中,加入消解液混匀后,将密闭的消解罐置微波消解炉内消解。其工作原理是当微波穿过溶液时,能量的传递由溶剂偶极子在交替振荡电场中的再取向以及溶质离子的迁移来完成,即由偶极子旋转和离子传导两种机理所决定。在场的取向作用下产生的热运动加剧了溶剂结构的无序化,形成了"体加热",在较短的时间内完成样品的消解。实验证明微波消解技术具有高效快速,分解完全,试剂消耗少,准确度和精密度高等优点。

（二）VOCs 前处理方法

1.溶剂解吸

溶剂解吸适用于吸附活性较高的吸附剂（如活性炭）或受热稳定性限制的吸附剂（如 XAD 树脂）。溶剂解吸法常用的解吸液为二硫化碳。由于解吸液体积较大，导致灵敏度降低，因此该方法的误差较大，且二硫化碳对人体和环境均易产生不良影响。

2.热解吸

热解吸是利用高纯度的惰性气体，在一定温度下通过采样管，将待测组分从吸附剂中吹出，吹出的样品可被冷阱捕集，然后加热冷阱，使其进入色谱柱；或在低温下将其直接浓缩在色谱柱头。与溶剂解吸分析方法相比，热解吸分析方法具有较高的灵敏度，可以避免溶剂对定性、定量的干扰。但吸附剂和待测组分的热稳定性限制了热解吸的最高使用温度，因而降低了较高沸点的挥发性组分的样品回收率。在解吸过程中吸附剂的热衰变可能形成后生化合物（降解产物）。

3.预浓缩

用抽气泵将一定量的样品导入已预冷的捕集管中，气体样品中的挥发性有机物冷凝后滞留在冷阱中，永久气体等沸点低于冷阱温度的组分则通过捕集管排出，然后加热冷阱，将富集的物质送入色谱进样口进样测定。采用此技术，样品可富集数倍至上千倍。与普通的吸附剂捕集方式相比，低温预浓缩技术对易挥发性物质的富集效率更高，可捕集组分的沸点范围更大。

（三）SVOCs 前处理方法

1.索氏提取

索氏提取又称"脂肪提取"，是一种液固萃取方式，一直是环境样品最为广泛应用的样品前处理方法，可从颗粒物、沉积物和生物组织等固体样品中提取待测污染物。经典的索氏提取已有上百年历史，常作为新萃取方法的参照标准。该方法兼有富集和排除基体干扰的优点，缺点是要消耗较大量的有机溶剂，并易引入新的干扰（溶剂中的杂质等），还需要费时的浓缩步骤，并易导致被测物的损失。

2.加速溶剂萃取

加速溶剂萃取（快速溶剂萃取或加压液体萃取），是一种全新的处理固体和半固体样品的前处理方法。该方法通过升高温度和压力，破坏固体物质中有机质、矿物成分与待测污染物之间的作用力，增加污染物在有机溶剂中的溶解度和溶质的扩散效率来进行提取。该方法自动化程度较高、有机溶剂用量少、快速、回收率高,是样品前处理的较佳方式。但因为该方法是在高温和高压下进行的,对于一些热不稳定化合物,需注意是否会分解。

3.超声提取

超声提取主要是通过压电换能器产生的快速机械振动波来减少目标提取物与样品基体之间的作用力,从而实现固液萃取分离。超声波在液体中具有特殊物理性质,可加速介质质点运动,产生空化作用及超声波的振动匀化作用,适用于固体样品的萃取分离。该方法具有耗时短、节省溶剂、提取温度低、提取效率高等特点,但其选择性不高,存在基体干扰。

4.微波萃取

微波萃取是将微波技术和萃取技术相结合,利用极性分子可迅速吸收微波能量的特点来加热极性溶剂,溶解或夹带基体内的欲分析组分,达到萃取及分离杂质的目的。该萃取具有全封闭、污染小、选择性加热、溶剂用量少、可进行批量处理及有利于萃取热不稳定物质等优点。

5.超临界流体萃取

超临界流体的性质介于气态和液态之间,具有类似于气体的较强穿透力与类似于液体的较大密度和溶解度,是一种十分理想的萃取剂。操作压力和温度的变化会引起超临界流体对物质溶解能力的变化,改变压力或温度,可以将样品中的不同组分按其在流体中溶解度的大小先后萃取分离。在超临界流体中加入少量的夹带剂,如甲醇、异丙醇等,可改变萃取溶质的溶解能力,从而缩短萃取时间。

二、快速分析测试

大气突发环境事件发生后,当现场监测技术无法满足要求,需将样品送回实验室分析时,实验室分析人员应根据现场传递的相关信息,做好相关的分析准备。根据各类污染物的理化性质不同,空气和废气中各类污染物的实验室快速应急监测技术方法详见表 8-1。

表 8-1　大气应急样品实验室快速监测技术方法

序号	污染物类别	采样技术	前处理技术	分析技术	速度特点
1	无机阴离子	液体吸收	直接进样	IC	快
		滤膜	超声提取	IC	慢

序号	污染物类别	采样技术	前处理技术	分析技术	速度特点
2	重金属	滤膜/滤筒	微波消解	ICP-MS/ICP-AES	快
				AA/AFL	较慢
			加热/石墨消解	ICP-MS/ICP-AES	较快
				AA/AFL	慢
3	低分子烃类	针筒或气袋	直接进样	GC-FID	快
		不锈钢罐或气袋	冷冻浓缩	GC-MS	较慢
		固体吸附管	热脱附	GC/GC-MS	慢
4	卤代烃、苯系物、氯苯类、丙烯腈	针筒或气袋	直接进样	GC-FID	快
		固体吸附管	热脱附	GC/GC-MS	慢
		不锈钢罐或气袋	冷冻浓缩	GC-MS	慢
		活性炭吸附	二硫化碳解吸	GC-FID/ECD	快
5	挥发性有机物	针筒或气袋	直接进样	GC-FID	快
6	苯胺类	硅胶吸附	甲醇解吸	HPLC	慢
7	硝基苯类	硅胶吸附	溶剂解吸	GC-FID/ECD	慢
8	酚类	GDX吸附	溶剂解吸	HPLC	慢
9	有机硫	不锈钢罐或气袋	冷冻浓缩	GC-FPD	慢
		真空采气瓶	冷冻浓缩	GC/GC-MS	慢
10	乙酸酯类、丙烯酸酯类	针筒或气袋	直接进样	GC-FID	快
		固体吸附管	热脱附	GC/GC-MS	慢
		活性炭吸附	二硫化碳解吸	GC-FID	快
11	醇类	针筒或水吸收	直接进样	GC-FID	快
12	酰胺类	水吸收	直接进样	GC-FID	快
				UPLC-MS	快
13	三甲胺	稀硫酸溶液吸收	直接进样	GC-NPD	快
		草酸玻璃微珠	溶剂解吸/顶空	GC-NPD	慢
14	醛酮类	针筒或气袋	直接进样	GC-FID	快
		二硝基苯肼吸附	溶剂解吸	HPLC	慢
15	苯并[a]芘	石英滤膜	超声提取	HPLC	慢

序号	污染物类别	采样技术	前处理技术	分析技术	速度特点
16	多环芳烃、酞酸酯类	石英滤膜+PUF/XAD	快速溶剂萃取	HPLC/GC-MS	慢
17	多氯联苯、有机氯农药	石英滤膜+PUF/XAD	快速溶剂萃取	GC/GC-MS	慢
18	有机磷农药	固体吸附管	溶剂解吸	GC	慢

第二节 水质应急样品实验室快速监测技术

对于水中常规污染物应急监测,多采用水质应急监测试剂盒技术、分光光度技术等;对于水中重金属元素应急监测,多采用阳极溶出伏安技术、电化学技术等;对于水中有机物应急监测,目前应用较广泛的是监测挥发性有机物的便携式气相色谱—质谱联用技术。而对于易发生水环境污染事故的许多其他类别的污染物,如氯苯类化合物、硝基苯类化合物、苯胺类化合物、酚类化合物、酞酸酯类化合物、多环芳烃、多氯联苯、有机氯农药、有机磷农药、拟除虫菊酯类农药等,难以在事故现场开展快速监测,往往需要将事故水样快速带回实验室分析。

一、快速前处理

水质应急监测不同于普通监测,除具有许多的不确定性因素外,还要求有很强的时效性,准确快速的定性定量十分重要。因此,对于因本底复杂等而不能直接监测的应急水样,必须进行必要的前处理以去除干扰。

（一）重金属前处理方法

1.水溶态重金属

采集的水样过 0.45 μm 的滤膜后,加硝酸使其 pH≤2,取滤液进行重金属含量分析。

2.悬浮态重金属

采集的水样用 0.45 μm 的滤膜过滤,将滤膜和不能透过滤膜的悬浮物用强酸一同消解,定容后测定重金属含量,此结果为以矿物质形态存在于悬浮物中的重金属和悬浮物吸附态的重金属含量之和。

3.水样的重金属总量

采集的水样加硝酸使其 pH≤2,分析时摇匀连同悬浮物一起取样,强酸消解后分析重金属含量。此结果为无机结合态和有机结合态、水溶态、悬浮态的重金属含量总和。

(二)有机物前处理方法

1.液液萃取(LLE)

LLE 是一种传统的前处理方法,它通过有机溶剂从水样中一次或多次对有机污染物进行萃取,经浓缩、定容后进行分析。LLE 可以通过有机试剂种类的选择、水样 pH 的调节和无机盐的加入等方式提高有机污染物提取效率,能有效地去除水样中无机物的干扰。LLE 的缺点是对有机污染物的选择性差,有机试剂消耗量较大,存在二次污染,当水样较脏时容易形成乳浊液和沉淀等。

2.固相萃取(SPE)

SPE 是近年发展起来的一种样品预处理技术,它使水样通过固相萃取小柱,固定相对水样中目标化合物进行吸附,然后通过用溶剂将目标化合物洗脱下来,浓缩、定容后进行分析。SPE 根据其相似相溶机理可分为四种:反相SPE、正相 SPE、离子交换 SPE 和吸附 SPE,可利用固定相的选择性来萃取水样中各种有机污染物,从而提高目标有机污染物的分析灵敏度。SPE 的最大优点是减少了高纯溶剂的使用,与 LLE 相比其分析时间大大减少,也避免了处理过程中的乳化现象。但对大多样品来说,SPE 空白值较高,灵敏度比 LLE 差。

3.固相微萃取(SPME)

SPME 是 20 世纪 90 年代兴起的一项新颖的样品前处理与富集技术,属于非溶剂型选择性萃取法。将纤维头浸入样品溶液或顶空气体中一段时间,同时搅拌溶液以加速两相间达到平衡的速度,待平衡后将纤维头取出插入气相色谱汽化室,热解吸涂层上吸附的物质。被萃取物在汽化室内解吸后,靠流动相将其导入色谱柱,完成提取、分离、浓缩的全过程。SPME 主要的萃取模式为直接萃取(Direct Ectraction SPME)和顶空萃取(Headspace SPME)。

4.搅拌棒吸附萃取(SBSE)

搅拌棒吸附萃取(SBSE)是一种新型的无溶剂或少溶剂,集萃取、净化、富集为一体的样品前处理技术。萃取时,搅拌棒在完成搅拌的同时吸附目标物,可消除搅拌磁子的吸附竞争,使用非常简便。目前该技术已成功地应用于环境监测、食品检验、农残检测以及生化分析等诸多领域。SBSE 对有机化合物的吸附原理与固相微萃取的原理一样,都是基于待测物质在样品和萃取介质中平衡分配的萃取过程。在 SBSE 技术中,萃取介质(涂层)是核心部分,萃取效率的高低主要取决于涂层的性质。目前 SBSE 涂层的种类较少,而商品化 SBSE 中使用的涂层只有 PDMS 一种,由厚度为 0.5 mm 或 1 mm 的 PDMS 硅橡胶管套在内封磁芯的玻璃管上制备而成。

5.液相微萃取(LPME)

液相微萃取(LPME)是通过将有机液滴挂在气相色谱(GC)微量进样器针头上对物质进行萃取。LPME 可以提供与 LLE 相媲美的灵敏度,甚至更佳的富集效果,同时,该技术集采样、萃取和浓缩于一体,灵敏度高,操作简单、快捷。另外,它所需有机溶剂量非常少,只有几微升到几十微升,是一项环境友好的新型前处理技术,适用于环境样品中痕量、超痕量污染物的测定。

6.膜萃取

膜萃取(Membrane Extraction)是用膜将目标分析物从样品溶液(给体)萃取到萃取剂(受体)中,可分为多孔膜和非多孔膜技术两种。多孔膜技术有过滤和渗析等不同形式,其膜两边的溶液通过膜孔发生物理性接触。其主要萃取原理是渗析,利用亲水多孔膜的不同孔径大小,使得小分子和盐可通过膜,而大分子留在溶液中。非多孔膜技术使用一种高分子材料膜或液体分开给体和受体,这种液体通常保留在多孔膜载体的孔中,形成载体液体膜(SLM)。大部分非多孔膜萃取系统中,膜在给体和受体相之间形成一个分离相,这样形成三相萃取系统。当有机液体(受体)充满疏水膜孔时,水相在膜表面直接和有机液体接触,这一萃取系统被认为是两相萃取系统。两相系统的萃取效率主要取决于有机物在水相和有机相的分配系数。膜萃取成功地测定了水样中许多有机污染物,有些膜对水中低浓度物质有较高的富集倍数。SLM 对环境样品比 SPE 法有明显的净化作用,去除了基体的吸附干扰,由此也提高了方法的灵敏度。其中吸附剂界面膜萃取技术最适合挥发性及半挥发性有机污染物的萃取。

7.顶空技术

顶空技术(Headspace Technique)是一种气体萃取技术,适合测定固体或液体样品中的挥发性有机物。该技术主要取决于被分析物在气相与液相或固相间的分配系数,平衡向气相部分迁移越多分析物可检测灵敏度越高。分配系数主要取决于分析物的蒸汽压和其在水中的活度系数。顶空萃取技术分为静态顶空和动态顶空两种类型。

静态顶空是将样品置于密闭样品瓶中,平衡一段时间后,气相中部分气体进入 GC 中分析。增加平衡温度或降低活度系数可增加气相中有机物的量,从而提高分析灵敏度;将被分析物转化为更易挥发、溶解度更低的物质进行分析,也可提高分析灵敏度。

动态顶空又称吹扫捕集,即用惰性气体连续吹扫水样或固体样品,挥发性物质随气体转入到装有固定相的捕集管中。加热捕集管的同时用气体反吹捕集管,挥发性物质进入 GC 进行分析。动态顶空中,具有高分配系数的物质可完全转入到捕集管中,与静态顶空相比,动态顶空的分析灵敏度大大提高。然而一些极易挥发的物质在吹扫—脱附过程中可能部分损失,而一些低挥发性物质不可能 100％都吹出且富集到捕集管中,因此定量分析时需合理控制吹扫温度。动态顶空最主要的问题是吹扫过程中大量水蒸气被携带出来,水蒸气富集到捕集管中不仅对捕集管中的固定相造成损害且水蒸气进入气相色谱仪中也会给色谱柱造成损害,所以在水蒸气进入捕集管前需将其除去,这不仅增加了仪器的复杂性,同时物质在此过程也可能会有一定损失。

二、快速分析测试

根据各类污染物的理化性质不同,水质中各类污染物的实验室快速应急监测技术方法详见表 8-2。

表 8-2　水质应急样品实验室快速监测技术方法

序号	污染物类别	前处理技术	分析技术	速度特点
1	无机阴离子	直接进样	IC	快
		特定反应	光度法/滴定法	慢
2	重金属	直接进样	ICP-MS	快
			ICP-AES	快
			AA/AFL	慢
3	VOCs	顶空进样	GC/GC-MS	快
		吹扫捕集		慢
		直接进样	GC-FID	快
4	SVOCs	小体积液—液萃取	GC/GC-MS	快
		固相微萃取		快
		固相萃取		慢
5	苯胺类	直接进样	UPLC-MSMS	快
		液—液萃取	HPLC/GC-MS	慢
6	酰胺类	直接进样	GC-FID	快
			UPLC-MSMS	快

序号	污染物类别	前处理技术	分析技术	速度特点
7	醇类	顶空进样	GC-FID	快
		直接进样	GC-FID	快
8	醛酮类	衍生化液—液萃取	HPLC	慢
9	苯并[a]芘	小体积液—液萃取	HPLC	慢
10	氨基甲酸酯类农药	直接进样	UPLC-MSMS	快
		衍生化液—液萃取	HPLC	慢
11	微囊藻毒素	直接进样	UPLC-MSMS	快
		固相萃取	HPLC	慢
12	香豆素类灭鼠药	直接进样	UPLC-MSMS	快
13	含氯酸盐	直接进样	IC	快
14	卤乙酸	衍生化液—液萃取	GC-ECD	慢
15	有机金属	直接进样	HPLC-ICP-MS	慢
		直接进样	GC-AAS/AFL	慢
16	总石油烃	小体积液—液萃取	红外	慢
17	石油类和动植物油	小体积液—液萃取	红外	慢
18	杀菌剂	直接进样	UPLC-MSMS	快
19	除草剂	固相萃取	GC-ECD	慢

第三节　土壤应急样品实验室快速监测技术

　　土壤、沉积物或固废等类型突发环境事件发生后,由于有毒有害物质污染的是固态环境介质,往往缺乏现场应急仪器设备和监测技术,通常情况下需迅速采集事故现场样品,送后方实验室快速测定。由于此类样品状态多样、基质干扰大,因此样品前处理流程复杂、耗时长。为尽可能缩短整体的实验室检测时间,选择对样品前处理要求低、方法检出限低、准确度高的分析技术显得尤为重要。

一、快速前处理

　　土壤、沉积物及固体废物等环境介质的样品形态与一般的液体或气体样品不同,其表征是黏滞的、胶状的,甚至是各种复杂的固体形态,而且所含的污染物浓度较低,通常无法直接测定,需要从这些复杂的样品基质中分离和浓缩出痕量有毒有害组分,获得最高的回收率和最小的干扰测定结果。土壤、沉积物及固体废物的前处理技术,主要有微波消解、索氏提取、加速溶剂萃取、微波辅助萃取、蒸馏、超临界流体萃取等。随着现代科学技术的迅速发展,前处理技术向着微型化和自动化方向发展。

(一)重金属前处理方法

1.熔融法

熔融法是将土壤等固体样品与助熔剂混合,在高温下熔融,使样品在坩埚中分解,从而测定重金属含量的方法。常用的碱熔融法操作简单,消化样品速度较快,样品数量无限制,且不会产生大量的酸气,环境污染较小。然而碱熔融法使用试剂量大,易引入污染物质和大量的可溶性盐,使得空白值偏高,并可能会阻塞进样管路和火焰原子吸收光谱仪的燃烧器头。

2.电热板加热消解法

电热板加热消解法即酸分解法,是测定土壤、沉积物和固体废物中重金属含量常用的方法。常用混合酸体系(盐酸-硝酸-氢氟酸-高氯酸、硝酸-氢氟酸-高氯酸、硝酸硫酸-高氯酸、硝酸-硫酸-磷酸等)进行消解。电热板加热消解是普遍采用的消解方法,简单、易操作、容易添加试剂和样品、价格低廉。但电热板消解样品较慢,消解使用的酸易带入微量杂质,挥发性元素在消解过程中容易损失,酸性气体对人体健康有危害,对环境污染较严重,试剂消耗量大。

3.高压釜密闭消解

高压釜密闭消解是将加入混合酸的土壤等固体样品放入密封的聚四氟乙烯坩埚内,置于耐压的不锈钢套筒中,放入烘箱内加热分解,从而测定重金属含量的方法。高压釜密闭消解在密封容器中进行,分解完的产物仍留在容器中,没有外部环境因素的污染,可以进行批量试样分解。不过样品在消解过程中无法观察和监视,消化速度缓慢,且由于高压还存在安全问题。同时,设备装配及清洗、消化样品费时,外套不锈钢和聚四氟乙烯价格较贵。

4.微波消解法

微波消解法是将土壤等固体样品和混合酸放入聚四氟乙烯容器中,置于微波炉内,以样品与酸的混合液作为发热体从内部加热分解而测定重金属含量的方法。微波消解热效率较高,可观察反应过程和消解效果,外部环境对试样的污染小,并且在许多消解过程中可避免使用高氯酸,挥发性元素不易损失,对人体危害较小。微波消解法是一种高效省时的现代制样技术,普遍用于原子光谱分析的样品前处理。

（二）有机物前处理方法

土壤、沉积物及固体废物等环境介质中 VOCs 的前处理方法与水中 VOCs 的前处理方法基本一致，主要包括静态顶空、吹扫捕集等。土壤、沉积物及固体废物等环境介质中 SVOCs 的前处理方法与大气中 SVOCs 的前处理方法基本一致，主要包括索氏提取、加速溶剂萃取、超声提取、微波萃取和超临界流体萃取等。

土壤、沉积物及固体废物等环境介质的样品通常是非均质的，为了获得尽可能准确的测定结果，必须采集足够多有代表性的样品。必要时，应将其进行混合、均匀化以获得混合样品后再检测。

二、快速分析测试

根据各类污染物的理化性质不同，土壤中各类污染物的实验室快速应急监测技术方法详见表 8-3。

表 8-3　土壤应急样品实验室快速监测技术方法

序号	污染物类别	前处理技术	分析技术	速度特点
1	无机阴离子	超声萃取	IC/流动注射	快
		超声＋特定反应	光度法/滴定法	慢
		浸出	IC/流动注射	慢
		浸出＋特定反应	光度法/滴定法	慢
2	重金属	微波消解	ICP-MS/ICP-AES	快
			AA/AFL	慢
		加热/石墨消解	ICP-MS/ICP-AES	快
			AA/AFL	慢
		浸出	ICP-MS/ICP-AES	慢
			AA/AFL	慢
3	VOCs	顶空进样	GC/GC-MS	快
		吹扫捕集		慢
		溶剂提取		快

序号	污染物类别	前处理技术	分析技术	速度特点
4	SVOCs	超声萃取	GC/GC-MS	快
		快速溶剂萃取		快
		微波萃取		慢
		索氏提取		慢

第九章　应急监测质量保证

　　环境应急监测应是有令即行,响应迅速,监测及时,数据准确。其中"快"和"准"是应急监测的核心,"快"是手段,"准"是目的,而质量保证则是其中一项关键环节。环境应急监测的质量保证体系是应急管理的重要组成部分,对于确保监测数据质量、准确反映事发现场的环境质量状况和污染情况、科学采取应急处置决策和措施发挥着重要作用。在承担重大环境应急监测任务时,仅仅依靠现场所采取的常规质量控制手段,往往难以有效保证数据质量。因此,环境应急监测的质量管理应以"既快又准"为指导方针,遵循"重心前移、常备不懈、快中求严、系统完善"的基本原则,在严格按照应急监测技术规范做好现场质量控制的基础上,还应高度重视应急监测质量管理日常保障工作,通过完善应急监测预案、大力开展应急监测演练和技术培训、加强应急监测仪器装备配置和维护、积极开展应急监测技术研究、强化后勤保障等一系列措施,建立健全应急监测质量管理体系,确保能够准确、快速报出应急监测数据,真实客观反映事发地点的环境质量状况,为科学决策和处置突发环境事件提供有力技术支撑。

第一节　应急监测质量管理体系的建立与运行

一、应急监测质量管理现状

　　目前,我国环境应急监测质量管理体系建设正处在初建阶段,在许多方面还有不足,需要进一步健全和完善,主要表现在以下三方面:一是国家尚未针对性地做出硬性规定,要求不严。《中华人民共和国突发事件应对法》对国家建立健全突发事件应急预案体系作出明确规定,各级环保部门亦根据职责制定了突发环境事件应急预案,但大多预案中并没有应急监测质量管理的硬性要求。二是尽管我国环境监测机构实验室大都已通过了计量认证或实验室认可,按《检测和校准实验室能力的通用要求》管理体系亦覆盖了应急现场、临时或移动设施,能够承担应急监测,但现有的质量保证体系文件并没有完全涵盖保证应急监测数据准确可靠的全部活动和措施,难以适应质量管理的需要。三是虽然《突发环境事件应急监测技术规范》(HJ 589—2021)中对布点与采样、项目与相应分析方法、质量保证等规定了技术要求,但过于笼统,原则,体系不完善。现有应急监测分析方法从时空和数量上无法满足需要;在仪器设备选型、检测方法选择等方面存在较大的随意性;未建立起一套完善可靠的应急监测质量管理体系。因此,建立健全应急监测质量管理体系,是获得准确可靠、快速有效监测数据的关键所在。

二、应急监测质量管理体系的主要内容

突发性环境事件应急监测与一般环境污染监测工作相比,具有事发突然、污染因子不确定、要求监测队伍响应快速等特点。针对其特点,应急监测的质量管理工作应以"平战结合、常抓不懈、快速高效"为指导方针,要做到日常质量保障和现场质量管理相结合。应急监测质量管理体系见图9-1。

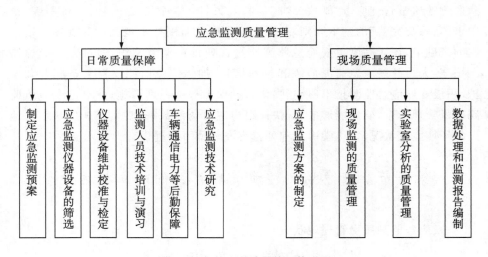

图 9-1　应急监测质量管理体系图

（一）应急监测的日常质量保障

日常质量保障是应急监测质量管理的一项基础性工作,也是应急监测质量管理体系中的重点和主要组成部分,主要有以下六个方面的内容。

1.应急监测预案的制定

应急监测预案在应急监测时起着重要的指导作用,是确保顺利实施应急监测任务的基本保证。在制定预案时要把质量管理作为一项重要内容,详细加以规定和明确。在预案中应全面体现与质量管理有关的组织机构、应急监测仪器和监测方法的选用、监测人员的培训和演习、交通通信保障等内容,明确提出应急监测中质量保证的主要任务、工作程序和分工等。

2.应急监测仪器设备的筛选

为保证应急监测的快速反应能力,在仪器设备的选择上应优先考虑便携、快速、直读式的现场监测仪器,同时还要兼顾以下要求。

(1)应急监测仪器设备要具有"市场准入证"。由于目前市场上的便携式监测仪器设备种类和生产厂家众多,质量和功能参差不齐,所以选用的监测仪器设备必须要有"市场准入证",即要通过质量技术监督部门的定型鉴定,获得国家计量器具型式批准证书;或选择通过相关部门批准认可的环保监测仪器设备。

(2)应急监测仪器的检出限应适当放宽。考虑到在应急监测实施过程中,事故刚发生时污染物浓度较高,随后由于扩散和稀释作用污染物浓度会逐渐下降,短时间内变化较大。因此,在监测仪器的选择上必须要充分考虑检出限的范围,才能满足对整个事故过程的监测要求。

3.应急监测仪器的维护与检定

实施应急监测主要依靠便携、直读式的监测仪器设备,应急监测仪器设备的性能将直接决定监测数据的质量。因此,专项应急监测仪器要做到专人管理,重视日常维护,经常进行校准,按期送计量部门进行周期性检定,并严格实行标识管理,保证在突发环境污染事故时,应急监测仪器设备能够用得上、测得准。

4.应急监测人员培训和演习

应急监测的现场情况较为复杂,同时还要使用许多专项仪器和分析方法,这些都需要由高素质的监测人员来判断、处理和掌握。为此,应注重加强应急监测人员的专门培训,使应急监测人员全面掌握不同类型污染事故的特点、各种污染因子的应急监测分析方法以及应急监测方面的技术规定和要求。同时"持证上岗"是监测规范化的重要保证措施之一,监测分析人员必须是经过考核合格的实验员。为提高应急监测人员的实战经验,根据本地区重点危险源和危险品情况,有针对性地积极组织开展实战演习,也是加强应急监测质量管理工作的有效措施。

5.车辆、防护、通讯和电力等后勤保障

要配备一定数量的能够实施现场分析测试的监测车和具有越野能力的应急监测人员乘用车。在事故现场污染物浓度较高的情况下须配备防护衣、防毒面具等防护装备,保证应急监测人员能够进入事故现场实施采样和监测。在及时通报情况、调整监测部署时,必须有方便联络的通信工具。野外实施应急监测时,为保证各类监测仪器设备的正常运行,要配备必要的电力、照明和防雨等设备。

6.应急监测技术研究

在突发环境污染事故时,为了能够全面、准确地了解污染源和污染物的有关信息,及时、正确地实施应急监测,要研究建立应急监测信息查询系统。该系统应尽可能地容纳各方面的有关信息资料,如本地区的电子地图、重点危险源危险品档案、污染物扩散预测模型、环境标准库、专家信息库、媒体信息库(危险源录像、图片资料)等。

(二)应急监测的现场质量管理

针对应急监测工作的特点,现场质量管理应本着快速、高效的原则,落实到应急监测工作的各个环节。

1.应急监测方案的制定

制定应急监测方案的关键是尽快合理地确定监测对象、监测点位、监测项目、监测频次等。当事故现场污染物不明或难以进行监测时,有条件地可利用信息查询系统尽快确定,必要时要进行专家咨询以确定应急监测方案。在确定监测点位和频次时,除按照国家和地方等有关技术规范要求执行外,针对应急监测的特点,在实际工作中还应考虑以下几点。

(1)监测点位的布设上,应充分考虑事故现场的地理、气象等因素,掌握污染物扩散途径、方式和去向等基本情况,以反映事故现场的环境背景和污染物扩散、消减情况作为布点的依据。如事故现场附近有居民区、村庄、入河(湖、库、海)口、自然保护区等敏感区,也应考虑布设监测点位。如有可能,可充分利用现有的水气自动监测站和污染源在线监测系统。

(2)在采样频次的设定上,可考虑"先密后疏"的原则,在污染事故刚刚发生后的一段时间内,污染物浓度最高,变化较快,对人体和环境的危害也较大,应作为应急监测的重点阶段,加大采样频次,随时监控污染物浓度和扩散范围。随着污染物的扩散,污染物浓度变化趋于稳定,可适当减少采样频次。必要时,在完成现场应急监测后,可对事故现场周围的环境敏感地区实施长期跟踪监测,直至污染彻底消除。

2.现场监测的质量管理

(1)在应急监测中,快速检测管(纸)可以非常方便和迅速地掌握污染物的大致浓度,是较为常用的应急监测手段。快速检测管(纸)要按规定要求进行保管,定期进行更换,使用前要确认是否在使用有效期范围内。

(2)应急监测仪器设备在使用前,必须要进行标定和校零,确保监测仪器设备的主要性能指标处于正常稳定状态。需要提前开机预热的仪器设备,可充分利用赶赴事故现场的行进途中的时间进行。

(3)现场快速分析方法应采用同一分析方法对样品进行多次测试比对,或选用不同原理的分析方法比对测试等作为应急现场监测的质量控制措施。

(4)开展多部门联合应急监测时应注意监测数据的可比性检验,检验检查内容包括仪器、方法、环境条件是否一致,浓度单位是否相同等。

3.实验室分析的质量管理

需要送回实验室进行分析的样品,应尽可能缩短运输时间,运输过程防止样品受到沾污或样品对环境造成污染等,确保样品从采集、保存、运输、分析、处置的全过程都处在受控状态。实验室在接到应急监测样品后,应立即安排人员进行分析,如有其他分析任务,要优先安排应急监测样品分析。实验室具体质量保证和控制措施要按照相应的监测技术规范执行。

4.数据处理和监测报告编制

在应急监测实施的过程中,质量保证人员应尽快组织完成每一批应急监测数据的检验、审核和汇总工作。为及时向各级领导提供事故现场的污染情况,应在监测过程中随时报出《应急监测快报》,待应急监测工作全部完成后,报出《应急监测总报告》。应急监测报告要内容全面,信息完整,实行三级审核制度。

三、应急监测质量管理体系的组建运行

应急监测属环境监测一项重要内容,但又有别于常规环境监测。因此既要专门针对应急监测质量管理工作建立一套相适应的技术体系,又要将其纳入环境监测日常质量管理体系中,使其制度化、常态化,并与其他质量管理制度一起加强监督检查,及时发现解决存在的问题,确保质量体系正常运行。

(一)建全应急监测质量管理组织机构

为切实加强应急监测质量保证工作,将应急监测质量管理贯穿于日常工作和现场应急全过程,应依托已有应急监测机构或质量管理机构,建立应急监测质量保证组织机构,明确专人负责应急监测质量保证工作。负责应急监测质量管理的人员应能够较为全面地熟悉环境监测工作,掌握环境监测质量保证和质

量控制技术,熟悉环境应急监测工作并有较为丰富的实际工作经验。主要职责是收集管理应急监测相关法律法规、标准规范、手册指南等文献资料;制定应急监测质量管理的相关规章制度、操作规程、管理程序;负责应急监测培训、演练和考核中的质量管理工作;制定并下达应急监测质量控制措施;监督检查应急监测质量保证体系运行情况;对现场质量控制实施监督;汇总和评价应急监测质量保证措施的实施效果等。

(二)应急监测质量管理技术规定

环境监测质量保证重要环节之一就是规范相关技术文件。应急监测与常规环境监测相比具有一定的特殊性,目前涉及应急监测质量保证相关法律法规、标准规范、手册指南等技术文件尚不系统完整,针对应急监测现场实施的质量控制措施也不够具体。对应急监测质量保证做出专门明确规定的国家技术规范主要是《突发环境事件应急监测技术规范》(HJ 589—2021),其他现行的环境监测规章制度、方法标准、技术规范等,有应急监测质量管理要求的也应当执行,没有专门要求的可以参照执行。

(三)建立内部应急监测质量管理制度

为了便于对突发环境事件应急监测工作的规范化管理,做到各项工作有据可依、有据可循,各级环境应急监测机构应针对应急监测建立相关规章制度。例如《应急监测工作管理规定》《应急监测值班制度》《应急监测预案》《应急监测质量保证管理规定》《应急监测质量控制技术规定》《应急监测仪器设备标准化操作流程》等。

《应急监测工作管理规定》是一项对应急监测工作做出全面规定的工作制度,主要内容涵盖了组织机构、人员队伍、工作分工、质量保证、后勤保障等,是应急监测机构做好日常应急管理与保障、开展现场采样监测、实施质量控制等工作的总体管理要求。《应急监测值班制度》是为随时能够接警应急监测任务指令,而安排专人值班,负责接听电话、记录警情、及时报告的工作制度。《应急监测预案》是应急监测工作的规范性技术指导文件,既明确了应急监测的人员机构、职责任务,又突出了应急监测启动后的工作程序、技术要求,以及日常应急监测仪器装备和技术支持等重点事项。应急监测预案应通过应急实战和应急演练进行不断的修改完善。《应急监测质量保证管理规定》和《应急监测质量控制技术规定》,是根据应急监测工作特点,对现场布点采样、分析测试、结果报出等方面质量管理和质量控制的专项工作制度。《应急监测仪器设备标准化操作流程》,是为确保应急人员在污染事故现场,严格按照标准化操作规程操作仪器,确定应急仪器设备的标准化操作规程,内容主要包括编写目的、适用范围、人员职责、操作程序、操作步骤、评价指标、期间核查等,可参照实验室仪器的操作规程编写。

(四)强化应急监测的质量监督

质量监督是应急监测质量保证体系有效运行的关键环节和制约机制,通过对应急监测质量保证工作落实情况的检查和监督,促进质量管理的有序进行。目前可以参照实验室的内部监督(应急监测部门设置的质量管理员)和外部监督(质量管理部门派专人监督)相结合的质量监督模式,对环境应急监测日常监督和现场全程质量监督,通过严格的应急监测质量监督,提高技术人员的应急响应能力。

(五)应急监测方法的可靠性评估

认可或认定准则都要求检测方法首选国标方法,当没有国标时,应采用国际方法或新方法。由于应急监测仪器为满足现场特殊需要,以操作简便、快速、灵敏、干扰小、结果可靠为原则。在新仪器投入使用前最好有选择地对一些应急监测仪器项目与国标方法进行方法比对,将待测项目处于相同受控状态,利用不同方法进行重复检验,判定两种测量方法之间有无显著差异,证明测量结果的一致性。通过方法比对、实验室间比对研究,可发现应急监测仪器与标准方法的系统性误差,以保证监测结果的准确性。

第二节　现场应急监测的质控措施

根据应急监测工作特点,现场应急监测的质量保证,应分为出发前准备阶段质控、现场监测和采样质控、现场实验室分析质控三部分。针对各应急监测阶段的主要工作任务不同,其相关的质控措施也各有所侧重。

一、准备阶段的质量控制

突发环境事件事发突然,应急监测任务下达也是非常紧急。应急监测部门在接到应急监测指令后,要迅速做好各项准备工作,快速赶赴事故现场。为避免时间紧迫的情况下忙中出错,做好出发前的质量控制工作是非常有必要的。

(一)出发前的检查核实

要根据应急监测任务接警时掌握的初步信息,按照本单位的应急预案要求,认真准备和检查核实需要携带的仪器装备。主要检查核实内容包括:

(1)现场应急监测仪器和设备;

(2)现场样品采集所需的工具、设备与容器;

（3）针对可能分析样品，按保存要求所需的保护剂；

（4）现场监测分析记录表格；

（5）现场监测分析用水和试剂；

（6）定性分析所需的技术资料；

（7）校准仪器、定量分析所用的标准物质或参考标准；

（8）采样监测人员的安全防护设备；

（9）交通车辆、通信设备、数据传输、备用电源以及后勤保障物资设备。

（二）行进途中的质控措施

应急监测任务紧急，各项应急工作必须争分夺秒。行进途中是从出发至到达事故现场的阶段，虽然时间较短，但可以充分利用这些宝贵时间，做好相关质控及准备工作。

1.及时掌握现场污染信息

行进途中，应急监测人员应与先期赶赴现场的调查人员，随时保持沟通联系，及时掌握事故现场的污染状况及其变化情况。根据现场情况，与后方实验室保持联系，及时调整采取有关质量控制措施。

2.完善初步应急监测方案

在与现场调查人员的沟通过程中，根据现场污染状况和实际应急监测人员、仪器及装备情况，初步确定应急监测方案，明确监测点位、监测项目、监测方法和监测频次等。

3.校准预热应急监测仪器

手持式、便携式、车载式应急监测仪器设备，在使用前需要用标气进行校准，或提前开机预热确保仪器达到最佳状态。在出发前往往时间紧迫，难以操作完成。这时，可以在行进途中，利用车载操作台和电源、空调等保障测试条件，完成应急监测仪器设备的提前校准和预热，达到仪器的运行测试条件，一旦到达事发现场，可以快速投入分析测试工作。

二、现场调查监测阶段的质量控制

现场阶段主要是包括现场情况调查、样品采集和分析测试等应急监测任务。因此，现场阶段的质量控制主要是围绕现场调查、样品采集和分析测试等工作环节开展。

（一）现场情况调查的质控措施

应急监测现场情况调查信息来源要可靠，内容要完整，现场调查记录单应填写规范。现场质控人员可从以下几个方面进行质控检查：

（1）现场调查是否按规定程序和要求进行,现场调查记录单是否填写完整、规范和准确;

（2）事件发生原因、过程等基本情况是否属实;

（3）主要污染物种类、理化及毒理性质是否判断准确;

（4）污染扩散途径、污染范围及污染程度是否现状描述准确、趋势判断合理;

（5）污染现场周围环境敏感目标信息和社会信息是否收集完整;

（6）依据调查情况,提出的初步监测方案是否科学、规范、合理,并具备相应的应急监测条件和能力。

（二）现场样品采集的质控措施

现场采样和监督都是应急监测的核心部分。采样人员应按照应急监测方案做采样前准备,熟悉应急监测有关的技术资料。现场采样时,应保证样品的时空分布能够代表污染物分布、波动和变化规律,以保证采集的样品具有代表性。采样容器应按规定进行清洗,容器不能吸附或吸收待测组分,且不与样品发生化学反应。必要时应采集现场空白样品和质控样品。样品要有唯一性标识,标识应符合《水质 样品的保存和管理技术规定》(HJ 493—2009)中第3条样品标签设计规定。要详细记录现场相关信息。

1.采样准备

采样人员按照应急监测方案要求,针对水、气、土壤、固体废物等监测指标和内容,尽快准备所需的采样工具设备、样品容器、记录物品表格、样品保护剂、安全保护设备等应符合监测技术要求。采样人员应了解或掌握采样的点位分布、周围情况、采样的线路、采样所需时间,并确定采样人员的分工,采样人员在采样前应熟悉应急监测有关的技术资料。

2.采样点位

通过现场查看,确定采样点位是否能满足相关技术要求并方便样品采集,样品的时空分布能够代表污染物分布、波动和变化规律,以相对较少、最佳点位反映现场情况,应急监测现场布点不宜盲目增加和扩大监测频次和数量,避免造成后期分析的压力,影响数据的时效性。当发现不能满足质量控制要求时应及时进行点位的调整。

3.采样频次

依据污染源强度、扩散速度、扩散范围和延续时间,结合环境区域功能及事发地点的地形、地貌等因素,确定相应的监测频次。力求用最少的采样频次和工作量,全面、客观地反映污染事件的影响程度和影响范围。

4.采样设备

水质采样所用的设备在使用前经检查合格,对流量流速仪要进行校准。

采集土壤、水沉积物所用设备应满足相关技术要求,采样设备不能带入干扰物质,不能与所采样品发生化学反应。

气体采样管应在采样前进行阻力和吸收效率试验,阻力应达到(4.7 ± 0.7)kPa,吸收效率应大于95%,末级吸收管的吸收量或吸附量应小于总量的10%。气体采样器在采样前应进行漏气检查和流量校准。

储存样品的容器应按技术规定进行清洗,达到质量要求。准备好足够数量测定不同污染物所需的专用容器,容器不能吸收或吸附待测组分,容器应不与样品发生化学反应,最大限度地防止容器及瓶塞对样品的污染。怕光的待测因子的水样需使用棕色玻璃瓶存放,有些待测因子的水样需单独容器存放(如需要定容采样或加保存剂的因子)。

5.采样方法

应急监测通常采集瞬时样品,采样量根据分析项目及分析方法确定,采样量还应满足留样复测的要求。采样方法按照《突发环境事件应急监测技术规范》(HJ 589—2021)、《水质　采样方案设计技术规定》(GB 12997—1991)、《水质　采样技术指导》(GB 12998—1991)、《水质　样品的保存和管理技术规定》(HJ 493—2009)、《水质　湖泊和水库采样技术指导》(GB/T 14581—1993)等相关国标执行。

污染发生后,应首先采集污染源样品,注意采样的代表性。此外,提高平行样的采集率是保证采样质量的办法之一,但提高平行样采集率将大大增加采样和检测的工作强度,反过来可能会影响监测质量,应该根据不同的污染阶段和污染区域优化平行样采集的配置来解决这个矛盾。可考虑在浓度变化剧烈的时间和断面、行政区域交接断面、流域污染敏感区域(取水口、渔业养殖区、重要生态功能区等),在污染物相对稳定和水质功能要求相对较低的地方适当减少平行样,从而在保证时效的同时提高监测质量。

6.采样过程

采样人员应该至少保证二人同时在采样现场,严格按照应急监测方案的内容,在确定的采样点位或断面,按方案确定的采样频次、采样开始时间和样品累积采集时间、样品采集的数量和体积或重量。按照采样规范要求,需单独(定量)采样的一定要单独(定量)采集样品,现场需采集大于10%的平行样品(能平行测定的因子)或是加采大于10%的样品(不能平行测定的因子,通过加大采样频次实施质量控制),必要时应有现场空白样品和质控样品。对于监测污染的河流现场应采集到污染最严重水域或是流动污染团的水样,对于空气或土壤污染事故也应尽可能采集到污染最重区域的样品。

7.样品保存

采集的样品在存储、运输和流转过程中,为防止发生各种物理、化学和生物的变化或非正常损坏,所以对采集样品应按规定采取适当的保存措施,样品保存应符合《水质样品的保存和管理技术规定》(HJ 493—2009)中样品保存规定要求。根据采集样品的类型(水、气、土壤等)和测定污染物的类型,将样品放入规定的容器内进行保存,须低温保存的放入冷藏箱;需避光保存的,用棕色瓶或用黑布进行避光保存。添加的样品保护剂如酸、碱或其他试剂,在采样前应进行空白试验,其纯度和等级必须达到分析的质量要求。采集的土壤样品选用符合要求的牛皮纸袋包装或棕色玻璃容器(容器按要求进行清洗干燥)保存,并保证包装或容器不破损、不泄漏,保证样品之间不交叉污染。应急监测样品要有唯一性标识,标识应符合《水质样品的保存和管理技术规定》(HJ 493—2009)中第3条样品标签设计规定,对有毒有害的样品应在标签显著位置做出标注。

(三)现场快速测试的质控措施

应急监测的主要手段是采用快速监测仪,在现场对污染物进行快速测试,不需要样品处理,直接读取监测数据结果,较好地满足了应急监测的实效性要求。现场测试的质控,若采取较为复杂的质控措施,如加标回收、比对分析、密码质控样、密码平行样或多次重复测试等,往往会增加较多的工作量,耗费较长的时间,对于监测频次和时效性要求非常高的应急监测显然是不适用的。因此,现场测试质控应以监测前仪器校准和现场监督复核为主要措施。

对于现场快速测试的质控措施,通常可以采取以下三种方法。

1.监测前仪器校准

监测前对快速监测仪器(便携式监测仪器)用标准物质进行校准,并在每次测试前按照仪器使用规程对示值进行校准,或进行空白测试。常用的快速仪器均需要进行快速的仪器自检和外部准确度检查。

2.合理选取质控手段

对于测试时间较短的仪器方法,如20 min以内能出数据的,可以采取平行测试对精密度进行控制,在样品分析之间加做明码质控样品对准确度进行控制。

在污染事件初期,对于时间紧、难以复测、浓度变化大的样品,为保证一次成功检测,可以先用半定量的方法测定大概含量,在进行适当的稀释定量分析,防止因稀释比不当造成无法测定或出现大的误差,影响监测质量。

3.现场监督复核

为了避免现场监测人员在操作仪器时出现违规操作而引入系统误差,在监测时至少保证二人同时在现场,其中一人应负责监督复核。

(四)实验室快速分析的质控措施

应急监测转移至实验室分析后,质量控制应按照实验室的要求进行,同时还应考虑到应急监测的实效性,尽量采取一些适用性强、可控制准确度高的方法,如全程序空白、平行样、加标回收等。对实验室用水、试剂、实验器皿、环境条件都要达到实验分析要求。通过空白实验、分析方法检出限、绘制校准曲线、平行双样分析、加标回收分析等质控手段对分析结果进行验证。

(五)现场质量监督的质控措施

应急监测的现场质量控制,还可以通过质量监督员现场监督检查的方式进行。主要质量监督内容包括以下三点。

1.采样和运输过程的监督

对采样断面、点位、频次、采样设备、采样时间、样品数量、加入保护剂、样品保存、样品标识和样品交接流转过程进行监督。

2.现场测试过程的监督

监督是否按监测方案和仪器操作规程使用仪器;数据是否达到要求;现场质控措施的落实情况等。

3.实验室分析过程的监督

监督样品是否丢失、污染;监督标识是否正确,监督样品分析记录等。

三、数据处理报告阶段的质量控制

(一)数据处理的质控措施

突发环境事件应急监测的数据处理参照相应的监测技术规范执行,数据修约规则按照 GB/T 8170—2008 的相关规定执行。对所有上报数据严格执行三级审核,必须经过校核、审核、签发,确认无误后方可正式报告结果。

同时,要重视应急监测数据的合理性分析,由于污染物在环境介质中受到扩散、稀释、降解、转化等作用,其浓度随时间、空间分布存在一定的变化规律。因此,在突发事件不同进展阶段,应注意各监测点位数据的相互关系。

(二)应急监测报告的质量控制

环境应急监测报告是全面、准确、及时反映突发环境事件的重要成果,涉及事件基本情况、污染范围、污染浓度和变化趋势以及下一步应急监测工作建议等内容。环境应急监测报告编制要点有以下三点:一是要精炼文字、多用图表。

既要简明扼要地表达监测结果,又要保留足够的监测信息,重要监测数据、评价结果尽量以附表、附图形式附在正文之后。二是要细化标准、统一格式。环境应急监测报告的时效性要求高,一般收到数据后一小时内要编写完毕。常用的地表水、空气、土壤等评价方法和标准不足时应按照需要补充、细化评价标准。附表、附图应统一格式,最好做到每次更新监测数据之后自动生成。三是及时总结、适时终止。环境应急监测耗费大量人力、物力,但在突发环境事件时应急监测终止没有很明确的条件。应根据监测结果及时编写总结,并用明确的提示性文字说明已经达到应急监测工作终止条件,提示主管部门适时按照预案要求终止应急监测工作。

环境应急监测报告报出前应经过三级审核,审核内容主要包括:应急监测报告的格式和内容应满足规范要求,监测数据应准确,污染事件发生地周边环境信息和社会信息、污染区域范围和污染程度、潜在的危害程度、污染物转化迁移趋势等的描述全面合理;附有事件现场平面图、可能受到突发环境事件影响的环境敏感点分布示意图;使用的质量标准和评价标准正确;报告的结论应清晰、正确、科学,报告应使用规范语言,提供足够的信息量。

第三节　应急监测仪器设备校准维护

一、应急监测仪器设备校准方法

仪器校准是对照计量标准,评定测量仪器的示值误差、确保量值准确的一组操作,必须具备高出一个等级的标准计量器具,且使用处于有效期内的有证标准物质或样品。对于目前国家尚未建立检验规程的应急监测仪器,由于水环境应急仪器设备大多为便携式仪器,使用的方法多为非标方法,如不能送国家计量鉴定机构进行检定,需通过自校准开展量值溯源。

自校准方法主要包括:

(1)仪器的一般性检查,如外观、电路、气路等;

(2)检出限;

(3)标准曲线校准;

(4)准确度检查;

(5)精密度检查;

(6)零点漂移检查;

(7)量程漂移检查;

（8）响应时间检查。

同时需要明确校准的环境条件要求、校准设备要求和标准物质要求，建立量值传递图，确保溯源到国家基准，最后编制各类应急仪器标准化校准规程。应急仪器校准一般在日常仪器维护时定期进行。如一旦突发环境事件，在应急准备阶段或达到现场后，应按照校准规程实施使用前的现场校准。

二、应急监测仪器设备的维护和保养

应急监测仪器种类繁多，主要包括现场采集设备，测试分析水、气、土壤、生物等样品的专用仪器，以及一些特殊辅助设备。做好应急监测仪器设备维护保养，使仪器设备始终处于完好状态，是应急监测数据质量保证的重要一步。仪器维护保养应重点做好两方面工作：一是日常维护，如试剂和耗材的更新、仪器定期开机、便携式仪器的充电、定期更换干电池、更换干燥剂等；二是做好关键部位保养，如定期检查维护便携式傅里叶红外多组分气体分析仪、重金属测定仪、便携式综合毒性监测仪等现场仪器探头，定期检查和清洗便携式傅里叶红外多组分气体分析仪管路等。

为保证仪器设备维护保养到位，应把应急监测仪器设备维护保养作为例行质量检查的重点，在例行检查中检查快速检测管、试纸及其他耗材是否在使用期内，检查设备保养维护记录，抽查部分仪器设备的状态，如便携式仪器设否有电、仪器状态是否正常、是否进行标识化管理等。通过监督检查，确保在用应急监测仪器设备完好率100%。

通过条件试验，确定仪器设备维护频次和方法。保养时发现仪器的性能变化较大时，应对仪器做全面的检查，包括对仪器样品管路的清洗，气路和电路的检查，试剂和易耗品的更新等，然后再做符合性检查，检验各个指标是否达到测定要求，否则该仪器应报故障，贴上停用标签，送相关检修部门维修，直至恢复性能要求。

常用环境应急监测仪器校准方法见表 9-1。

表 9-1　常用环境应急监测仪器校准维护方法

序号	仪器名称	使用（保存）条件	校准维护周期
1	便携式气相色谱	5～35 ℃ 20%～85%	至少 2 周一次维护（充电、清洁）
			每 2 周校准一次

续表

序号	仪器名称	使用(保存)条件	校准维护周期
2	便携式气相色谱-质谱仪	0～45 ℃ 85%以下	每周一次维护(充电,载气、标气检查,清洁,仪器调谐)
			每月校准一次
3	便携式傅里叶变换红外气体分析仪	15～25 ℃ 85%以下	每周维护一次
			每2个月校准一次
4	便携式质谱仪	0～45 ℃ 85%以下	每周一次维护(电路检查,清洁,氮气校零)
			每2个月校准一次
5	便携式荧光计	−5～45 ℃ 85%以下	每周一次维护(电路检查、清洁)
			每半年校准一次
6	便携式分光光度计	10～40 ℃ 小于80%	每周一次维护(电路检查、清洁)
			每年送检一次
7	便携式阳极溶出仪	0～45 ℃ 85%以下	每周一次维护(电路检查、清洁)
			每两周校准一次
8	综合毒性分析仪	10～30 ℃ 10%～90%	每周一次维护(电路检查、清洁)
9	检测管	低温、干燥、黑暗	有效期内每3个月做一次批次检查
10	试纸	低温、干燥、黑暗	有效期内每3个月做一次批次检查

第十章　重点危险化学品的
应急监测处置方法

　　我国化学工业产值在"十一五"期间超越美国,成为全球化工生产总值第一大国。而我国的化学品管理工作起步较晚,与欧盟、美国以及日本等环境管理较为先进的国家相比,差距非常明显。近年来,涉及危险化学品的突发环境污染事故常常出现,企业违规排污、丢弃化学污染物事件频发,对环境造成了严重的污染和破坏,给人民的生命和国家财产造成重大的损失。涉及危险化学品的突发环境污染事故,通常分为产品性的化学污染和非产品性的污染两种,其中产品性的化学污染占大多数。

　　为方便环境污染事故的快速应急监测、准确选择处置方法,根据应急监测工作需要,本章编制整理了《重点环境管理危险化学品目录》中涉及的危险化学品信息。

　　2014 年 4 月初,环境保护部印发了《关于发布〈重点环境管理危险化学品目录〉的通知》(环办〔2014〕33 号),标志着我国危险化学品环境管理登记工作全面启动。

　　《重点环境管理危险化学品目录》(以下简称《目录》)涵盖 84 种危险化学品,由环境保护部牵头制定,根据危险化学品的危害特性和环境风险程度等指标,确定了须实施重点环境管理的危险化学品。

　　《目录》所涉及的 84 种危化品均符合下列三个条件之一:一是具有持久性、生物累积性和毒性;二是生产使用量大或者用途广泛,且同时具有高的环境危害性和(或)健康危害性;三是属于需要实施重点环境管理的其他危险化学品,包括《关于持久性有机污染物的斯德哥尔摩公约》和《关于汞的水俣公约》管制的化学品等。

　　《目录》涉及的危险化学品信息,每个化学品的信息内容包括:

　　危险化学品的监测方法,从应急监测的实用性出发,着重收集现行有效的国家和行业方法、标准,并尽量涵盖不同的环境介质。对于目前国内无相关监测方法、标准的，重点收集了美国环境保护署（U.S. Environmental Protection Agency，EPA）、美国国立职业安全卫生研究所（National Institute for Occupational Safety and Health，NIOSH）以及美国职业安全与健康管理局（Occupational Safety and Health Administration，OSHA）、美国材料与试验协会（American Society for testing and Materials，ASTM）等机构官方网站公布的相关监测方法、标准。

危险化学品的评价标准，着重收集我国现行有效的国家标准，对于目前国内无相关评价标准的，重点收集了美国政府工业卫生学家会议（American Conference of Governmental Industrial Hygienists，ACGIH）、联邦政府及各州饮用水标准和指南摘要（Summary of State and Federal Drinking Water Standards and Guidelines，FSTRAC）、美国国家有害物质急性暴露指导水平咨询委员会（National Advisory Committee for Acute Exposure to Guideline Level for Hazardous Substances，NAC）、EPA、NIOSH、OSHA 等国家和组织的有关标准和文件中规定的标准限值，以及部分苏联发布的标准限值。

《目录》中的 84 种危化品信息整理如表 10-1 至表 10-83 所示。

表 10-1　PHC001　1,2,3-三氯苯

中文名称	1,2,3-三氯苯；连位三氯苯；1,2,6-三氯苯				
英文名称	1,2,3-Trichlorobenzene；vic-Trichlorobenzene；1,2,6-Trichlorobenzene				
CAS 登记号	87-61-6	分子式	$C_6H_3Cl_3$	分子量	181.447
监测方法	监测方法	方法来源		监测类别	
	气相色谱-质谱法	HJ 810—2016		水	
	气相色谱-质谱法	美国 ASTM Method：D5790		废水、饮用水、地下水	
	气相色谱-质谱法	美国 EPA Method：1625C		水	
	气相色谱法	美国 EPA Method：502.2		水	
	气相色谱-质谱法	美国 EPA Method：524.2		水	
	气相色谱法	美国 EPA Method：8021B		各种介质	
评价标准	标准名称	标准来源		标准限值	
	地表水环境质量标准（集中式生活饮用水地表水源地特定项目标准限值）	GB 3838—2002		0.02 mg/L（三氯苯）	

续表

	标准名称	标准来源	标准限值
评价 标准	地下水质量标准	GB 14848—2017	Ⅰ类:≤0.5 μg/L Ⅱ类:≤4.0 μg/L Ⅲ类:≤20.0 μg/L Ⅳ类:≤180 μg/L Ⅴ类:＞180 μg/L(三氯 苯总量)
	生活饮用水卫生标准	GB 5749—2006	0.02 mg/L(三氯苯总量)

表 10-2　PHC002　1,2,4-三氯代苯

中文名称	1,2,4-三氯代苯			
英文名称	1,2,4-Trichlorobenzene;1,2,4-Trichlorobenzol; unsym-Trichlorobenzene			
CAS 登记号	120-82-1	分子式	$C_6H_3Cl_3$	分子量	181.45

	监测方法	方法来源	监测类别
监测 方法	气相色谱法	HJ 621—2011	水
	气相色谱法-质谱法	GB/T 5750.8—2006	饮用水
	气相色谱-质谱法	HJ 810—2016	水
	气相色谱-质谱法	HJ 951—2018	固体废物
	气相色谱-质谱法	GB 5085.3—2007 附录 K	固体废物、土壤、地下水
	气相色谱-质谱法	GB 5085.3—2007 附录 M	固体废物
	气相色谱-质谱法	GB 5085.3—2007 附录 O	固体废物、土壤及沉积物、水
	气相色谱法	GB 5085.3—2007 附录 P	固体废物、土壤及沉积物、水
	气相色谱-质谱法	HJ/T 350—2007 附录 D	土壤
	吹扫捕集/气相色谱-质谱法	HJ 605—2011	土壤和沉积物

	标准名称	标准来源	标准限值
评价 标准	地表水环境质量标准 (集中式生活饮用水 地表水源地特定项目 标准限值)	GB 3838—2002	0.02 mg/L(三氯苯)

评价标准	标准名称	标准来源	标准限值
	地下水质量标准	GB 14848—2017	Ⅰ类:≤0.5 μg/L Ⅱ类:≤4.0 μg/L Ⅲ类:≤20.0 μg/L Ⅳ类:≤180 μg/L Ⅴ类:>180 μg/L(三氯苯总量)
	生活饮用水卫生标准	GB 5749—2006	0.02 mg/L(三氯苯总量)
	水中嗅觉阈值浓度		0.005 mg/L

表 10-3　PHC003　1,2,4,5-四氯代苯

中文名称	1,2,4,5-四氯代苯;四氯苯;s-四氯苯				
英文名称	1,2,4,5-Tetrachlorobenzene;Benzene tetrachloride;s-Tetrachlorobenzene				
CAS 登记号	95-94-3	分子式	$C_6H_2Cl_4$	分子量	215.892

	监测方法	方法来源	监测类别
监测方法	气相色谱法	HJ 621—2011	水
	气相色谱法	GB/T 5750.8—2006	饮用水
	气相色谱-质谱法	GB 5085.3—2007 附录 K	固体废物、土壤、地下水
	气相色谱法	GB 5085.3—2007 附录 R	环境样品、废物提取液
	气相色谱-质谱法	HJ/T 350—2007 附录 D	土壤
	气相色谱-质谱法	《水和废水监测分析方法(第四版)》	水

	标准名称	标准来源	标准限值
评价标准	地表水环境质量标准(集中式生活饮用水地表水源地特定项目标准限值)	GB 3838—2002	0.02 mg/L(四氯苯)
	水体中有害物质最高允许浓度	苏联(1975)	0.01 mg/L
	嗅觉阈浓度		0.13 mg/L

表 10-4 PHC004 1,2-二硝基苯

中文名称	1,2-二硝基苯,邻二硝基苯				
英文名称	1,2-Dinitrobenzene;ortho-Dinitrobenzene				
CAS 登记号	528-29-0	分子式	$C_6H_4N_2O_4$	分子量	168.107
监测方法	监测方法	方法来源		监测类别	
	气相色谱法	GBZ/T 300.146—2017		工作场所空气	
	气相色谱法	GB/T 5750.8—2006		饮用水	
	气相色谱-质谱法	GB 5085.3—2007 附录 K		固体废物、土壤、水	
	高效液相色谱法	《空气和废气监测分析方法(第四版)》		空气和废气	
	气相色谱-质谱法	《水和废水监测分析方法(第四版)》		水	
	气相色谱法	《固体废弃物试验分析评价手册》		固体废物	
评价标准	标准名称	标准来源		标准限值	
	工业场所有害因素职业接触限值	GBZ 2.1—2019		PC-TWA:1 mg/m³	
	地表水环境质量标准(集中式生活饮用水地表水源地特定项目标准限值)	GB 3838—2002		0.5 mg/L(二硝基苯)	
	危险废物鉴别标准浸出毒性鉴别标准	GB 5085.3—2007		20 mg/L(二硝基苯)	

表 10-5 PHC005 1,3-二硝基苯

中文名称	1,3-二硝基苯;间二硝基苯;1,3-DNB			
英文名称	1,3-Dinitrobenzene;1,3-Dinitrobenzol; m-Dinitrobenzene;1,3-DNB			
CAS 登记号	99-65-0	分子式	$C_6H_4N_2O_4 / C_6H_4(NO_2)_2$	分子量	168.107

续表

	监测方法	方法来源	监测类别
监测方法	气相色谱法	GBZ/T 300.146—2017	工作场所空气
	气相色谱法	GB/T 5750.8—2006	饮用水
	气相色谱-质谱法	《水和废水监测分析方法(第四版)》	水
	高效液相色谱色	GB 5085.3—2007 附录 J	液态样品、土壤和沉积物样品
	气相色谱-质谱法	GB 5085.3—2007 附录 K	固体废物、土壤、水
	气相色谱法	《固体废弃物试验分析评价手册》	固体废物

	标准名称	标准来源	标准限值
评价标准	工业场所有害因素职业接触限值	GBZ 2.1—2019	PC-TWA:1 mg/m³
	地表水环境质量标准(集中式生活饮用水地表水源地特定项目标准限值)	GB 3838—2002	0.5 mg/L(二硝基苯)
	固体废物浸出毒性鉴别标准值	GB 5085.3—2007	20 mg/L(二硝基苯)

表 10-6　PHC006　1-氯-2,4-二硝基苯

中文名称	1-氯-2,4-二硝基苯;1,3-二硝基-4-氯苯;2,4-二硝基氯苯;DNCB				
英文名称	1-Chloro-2,4-dinitrobenzene;1,3-Dinitro-4-chlorobenzene;1-2,4-Dinitro-phenyl chloride				
CAS 登记号	97-00-7	分子式	$C_6H_3ClN_2O_4$ / $C_6H_3Cl(NO_2)_2$	分子量	202.552

续表

监测 方法	监测方法	方法来源	监测类别
	气相色谱法	美国 EPA Method：8091	水、土壤、固体废物
	气相色谱-质谱法	HJ 716—2014	水
评价 标准	标准名称	标准来源	标准限值
	工业场所有害因素职 业接触限值	GBZ 2.1—2019	PC-TWA：0.6 mg/m^3

表 10-7　PHC007　5-叔丁基-2,4,6-三硝基间二甲苯

中文名称	5-叔丁基-2,4,6-三硝基间二甲苯；二甲苯麝香				
英文名称	2,4,6-Trinitro-5-tert-butyl-m-xylene				
CAS 登记号	81-15-2	分子式	$C_{12}H_{15}N_3O_6$	分子量	297.26
监测 方法	监测方法	方法来源		监测类别	
	暂缺				
评价 标准	标准名称	标准来源		标准限值	
	暂缺				

表 10-8　PHC008　五氯硝基苯

中文名称	五氯硝基苯				
英文名称	Pentachloronitrobenzene；avicol				
CAS 登记号	82-68-8	分子式	$C_6Cl_5NO_2$	分子量	295.33
监测 方法	监测方法	方法来源		监测类别	
	气相色谱法	GB 5085.3—2007 附录 I		固体废物	
	气相色谱-质谱法	GB 5085.3—2007 附录 K		固体废物、土壤、地下水	
	气相色谱-质谱法	HJ/T 350—2007 附录 D		土壤	
	气相色谱-质谱法；液 相色谱-串联质谱法	GB/T 19650—2006		动物组织	

续表

标准名称	标准来源	标准限值
食品中农药最大残留限量	GB 2763—2005	0.01 mg/kg（小麦、大豆等）
美国政府工业卫生学家会议	美国 ACGIH	TLV-TWA：0.5 mg/m³
车间卫生标准	苏联	0.5 mg/m³
美国国家饮用水指南（State Drinking Water Guidelines）	美国 FSTRAC	加利福尼亚州：20 μg/L
		佛罗里达州：15 μg/L
		迈阿密市：2 μg/L

（评价标准）

表 10-9 PHC009 2-甲基苯胺

中文名称	2-甲基苯胺；邻甲苯胺；2-氨基甲苯；邻氨基甲苯				
英文名称	o-Toluidine；1-Amino-2-methylbenzene；2-Aminotoluene；o-Methylaniline				
CAS 登记号	95-53-4	分子式	C_7H_9N；$CH_3C_6H_4NH_2$	分子量	107.153

	监测方法	方法来源	监测类别
监测方法	气相色谱-质谱法	GB 5085.3—2007 附录 K	固体废物、土壤、地下水
	对二甲氨基苯甲醛比色法；对硝基重氮苯比色法；气相色谱法	《空气中有害物质的测定方法（第二版）》	空气
	气相色谱法	《固体废物试验与监测分析方法》	固体废物
	气相色谱-质谱法	美国 EPA Method：8270D	固体废物、土壤、大气、水等
	气相色谱法	美国 EPA Method：8015C	固体废物、土壤、大气、水等
	气相色谱-质谱法	美国 EPA Method：8260B	固体废物、土壤、大气、水等

评价标准	标准名称	标准来源	标准限值
	车间卫生标准	苏联	3 mg/m³
	水体中有害物质最高允许浓度	苏联(1975)	1.0 mg/L

表 10-10　PHC010　2-氯苯胺

中文名称	2-氯苯胺;2-氯氨基苯;1-氨基-2-氯苯;邻氯苯胺		
英文名称	2-Chloroaniline；2-Chloroaminobenzene；1-Amino-2-chlorobenzene；o-Chloroaniline		
CAS 登记号	95-51-2	分子式　C_6H_6ClN	分子量　127.572

监测方法	监测方法	方法来源	监测类别
	气相色谱法	GB 5085.6—2007 附录 K	固体废物
	气相色谱-质谱法	HJ 951—2018	固体废物
	气相色谱法	《空气中有害物质的测定方法(第二版)》	空气
	气相色谱法	美国 EPA Method：8131	水

评价标准	标准名称	标准来源	标准限值
	水体中有害物质最高允许浓度	苏联(1975)	1.1 mg/L
	污水排放标准	苏联(1975)	0.75 mg/L

表 10-11　PHC011　壬基酚

中文名称	壬基酚;壬基苯酚		
英文名称	Nonyl Phenol		
CAS 登记号	25154-52-3	分子式　$C_{15}H_{24}O$	分子量　220.4

监测方法	监测方法	方法来源	监测类别
	暂缺		
评价标准	标准名称	标准来源	标准限值
	暂缺		

表 10-12　PHC012　支链-4-壬基酚

中文名称	支链-4-壬基酚				
英文名称	Phenol,4-nonyl-,branched and Nonylphenol				
CAS登记号	84852-15-3	分子式	$C_{15}H_{24}O$	分子量	220.35
监测方法	监测方法	方法来源		监测类别	
	暂缺				
评价标准	标准名称	标准来源		标准限值	
	暂缺				

表 10-13　PHC013　苯

中文名称	苯				
英文名称	Benzene				
CAS登记号	71-43-2	分子式	C_6H_6	分子量	78.1
监测方法	监测方法	方法来源	监测类别		
	气相色谱法	HJ/T 11890—1989	水		
	顶空-气相色谱-质谱法	HJ 810—2016	水		
	顶空-气相色谱法	HJ 1067—2019	水		
	气相色谱-质谱法	HJ 759—2015	环境空气		
	便携式傅里叶红外仪	HJ 919—2017	环境空气		
	顶空-气相色谱-质谱法	HJ 642—2013	土壤和沉积物		

监测方法	监测方法	方法来源	监测类别
监测方法	顶空-气相色谱-质谱法	HJ 976—2018	固体废物
监测方法	顶空-气相色谱法	HJ 975—2018	固体废物
监测方法	气相色谱法	《空气和废气监测分析方法(第四版)》	气

评价标准	标准名称	标准来源	标准限值
评价标准	地表水环境质量标准(集中式生活饮用水地表水源地特定项目标准限值)	GB 3838—2002	0.01 mg/L
评价标准	地下水质量标准	GB 14848—2017	Ⅰ类:≤0.5 μg/L Ⅱ类:≤1.0 μg/L Ⅲ类:≤10.0 μg/L Ⅳ类:≤120 μg/L Ⅴ类:>120 μg/L
评价标准	生活饮用水卫生标准	GB 5749—2006	0.01mg/L
评价标准	污水综合排放标准	GB 8978—1996	一级:0.1 mg/L 二级:0.2 mg/L 三级:0.5 mg/L
评价标准	城镇污水处理厂污染物排放标准	GB 18918—2002	0.1 mg/L
评价标准	农田灌溉水质标准	GB 5084—2021	2.5 mg/L
评价标准	大气污染物综合排放标准	GB 16297—1996	0.40 mg/m³(无组织)
评价标准	土壤环境质量 建设用地土壤污染风险管控标准(试行)	GB 36600—2018	筛选值:第一类用地 1 mg/kg 第二类用地 4 mg/kg 管制值:第一类用地 10 mg/kg 第二类用地 40 mg/kg
评价标准	工业场所有害因素职业接触限值	GBZ 2.1—2019	PC-TWA:0.6 mg/m³ PC-STEL:10 mg/m³

续表

	标准名称	标准来源	标准限值
评价 标准	美国政府工业卫生 学家会议	美国 ACGIH	TLV-TWA:1.6 mg/m³ TLV-STEL:8 mg/m³
	嗅觉阈浓度	0.516 mg/m³	

表 10-14　PHC014　六氯-1,3-丁二烯

中文名称	六氯丁二烯;1,1,2,3,4,4-六氯-1,3-丁二烯;六氯-1,3-丁二烯;全氯丁二烯					
英文名称	Hexachlorobutadiene;1,1,2,3,4,4,-Hexachloro-1,3-butadiene;Perchloro-butabiene					
CAS 登记号	87-68-3	分子式	$C_4Cl_6/CCl_2=CClCCl$ $=CCl_2$	分子量	260.761
	监测方法	方法来源		监测类别		
监测 方法	顶空-气相色谱法	HJ 620—2011		水		
	顶空-气相色谱-质谱法	HJ 810—2016		水		
	气相色谱法	GB/T 5750.8—2006		饮用水		
	气相色谱-质谱法	HJ 951—2018		固体废物		
	气相色谱-质谱法;气相色谱法	GB 5085.3—2007 附录K、附录 O、附录 P		固体废物、土壤及沉积物、水		
	吹扫捕集-气相色谱-质谱法	HJ 605—2011		土壤和沉积物		
	气相色谱-质谱法	《空气和废气监测分析方法(第四版)》		空气和废气		
	气相色谱法;气相色谱-质谱法	《水和废水监测分析方法(第四版)》		水		

	标准名称	标准来源	标准限值
评价标准	工业场所有害因素职业接触限值	GBZ 2.1—2019	PC-TWA：0.2 mg/m³
	地表水环境质量标准（集中式生活饮用水地表水源地特定项目标准限值）	GB 3838—2002	0.0006 mg/L
	生活饮用水卫生标准	GB 5749—2006	0.0006 mg/L
	美国政府工业卫生学家会议	美国 ACGIH	TLV-TWA：2.6 mg/m³
	环境空气中有害物质最高容许浓度	苏联（1978）	0.001（一次值）mg/m³；0.0002（日均值）mg/m³
	污水中有害物质最高允许浓度	苏联（1975）	0.3 mg/L
	嗅觉阈浓度		0.006 mg/L

表 10-15　PHC015　氯乙烯［稳定的］

中文名称	氯乙烯；乙烯基氯；氯乙烯（钢瓶）				
英文名称	Vinyl Chloride；Chloroethene；Chloroethylene；VCM（cylinder）				
CAS 登记号	75-01-4	分子式	$C_2H_3Cl/H_2C{=}CHCl$	分子量	62.498
监测方法	监测方法	方法来源		监测类别	
	气相色谱法	GBZ/T 300.78—2017		工作场所空气	
	气相色谱-质谱法	HJ 759—2015		环境空气	
	气相色谱-质谱法	HJ 810—2016		水	
	气相色谱法	GB/T 5750.8—2006		饮用水	
	气相色谱法	HJ 1006—2018		固定污染源排气	
	气相色谱-质谱法	GB 5085.3—2007 附录 O		固体废物、土壤及沉积物、水	
	气相色谱法	GB 5085.3—2007 附录 P		固体废物、土壤及沉积物、水	

	监测方法	方法来源	监测类别
监测方法	吹扫捕集-气相色谱-质谱法	HJ 605—2011	土壤、沉积物
	顶空-气相色谱-质谱法	HJ 642—2013	土壤、沉积物
	气相色谱-质谱法，气相色谱法	《空气和废气监测分析方法（第四版）》	空气和废气
	色谱-质谱法	美国 EPA Method：524.2	水

	标准名称	标准来源	标准限值
评价标准	工业场所有害因素职业接触限值	GBZ 2.1—2019	PC-TWA：10 mg/m³
	大气污染物综合排放标准	GB 16297—1996	排放浓度：36 mg/m³；排放速率：0.77～16 kg/h（二级）；无组织排放：0.60 mg/m³
	地表水环境质量标准（集中式生活饮用水地表水源地特定项目标准限值）	GB 3838—2002	0.005 mg/L
	地下水质量标准	GB 14848—2017	Ⅰ类：≤0.5 μg/L Ⅱ类：≤0.5 μg/L Ⅲ类：≤5.0 μg/L Ⅳ类：≤90.0 μg/L Ⅴ类：>90.0 μg/L
	生活饮用水卫生标准	GB 5749—2006	0.005 mg/L
	土壤环境质量 建设用地土壤污染风险管控标准（试行）	GB 36600—2018	筛选值：第一类用地 0.12 mg/kg 第二类用地 0.43 mg/kg 管制值：第一类用地 1.2 mg/kg 第二类用地 4.3 mg/kg

表 10-16 PHC016 荧蒽

中文名称	荧蒽				
英文名称	Fluoranthene;1,2-benzacenaphthene				
CAS 登记号	206-44-0	分子式	$C_{16}H_{10}$	分子量	202.26

	监测方法	方法来源	监测类别
监测 方法	高效液相色谱法	HJ 478—2009	水
	高效液相色谱法	HJ 647-2013	环境空气和废气
	高效液相色谱法	HJ 784-2016	土壤、沉积物
	气相色谱-质谱法	HJ 834-2017	土壤、沉积物
	高效液相色谱法	HJ 892-2017	固体废物
	气相色谱-质谱法	HJ 951-2018	固体废物
	气相色谱-质谱法	GB 5085.3-2007 附录 K	固体废物、土壤、水
	气相色谱-质谱法	GB 5085.3-2007 附录 M	固体废物
	高效液相色谱法	GB 5085.3-2007 附录 Q	固体废物
	气相色谱-质谱法	《空气和废气监测分析方法(第四版)》	空气和废气
	气相色谱-质谱法;高效液相色谱法	《水和废水监测分析方法(第四版)》	水

	标准名称	标准来源	标准限值
评价 标准	地下水质量标准	GB 14848-2017	Ⅰ类:≤1 μg/L Ⅱ类:≤50 μg/L Ⅲ类:≤240 μg/L Ⅳ类:≤480 μg/L Ⅴ类:>480 μg/L
	美国政府工业卫生学家会议	美国 ACGIH	TLV-TWA:0.2 mg/m³

表 10-17　PHC017　丙酮氰醇

中文名称	丙酮氰醇;丙酮合氰化氢;2-氰基丙基-2-醇;2-羟基-2-甲基丙腈;2-甲基乳腈;对羟基异丁腈				
英文名称	Acetone Cyanohydrin;2-Cyanopropan-2-ol;2-Hydroxy-2-methylpropanenitrile;2-Methyl-lactonitrile;p-Hydroxyisobutyronitrile				
CAS 登记号	75-86-5	分子式	$C_4H_7NO/(CH_3)_2$ $C(OH)CN$	分子量	85.105
监测方法	监测方法	方法来源		监测类别	
	气相色谱法	美国 NIOSH Method: 2506,Issue 4		气	
评价标准	标准名称	标准来源		标准限值	
	职业安全与健康标准	美国 OSHA		8-hrTWA:5 mg/m³.(皮,CN)	

表 10-18　PHC018　精蒽

中文名称	精蒽				
英文名称	Anthracene				
CAS 登记号	120-12-7	分子式	$C_{14}H_{10}/(C_6H_4CH)_2$	分子量	178.2
监测方法	监测方法	方法来源		监测类别	
	暂缺,参见荧蒽				
评价标准	地下水质量标准	GB 14848—2017		Ⅰ类:≤1 μg/L Ⅱ类:≤360 μg/L Ⅲ类:≤1800 μg/L Ⅳ类:≤3600 μg/L Ⅴ类:>3600 μg/L	
	职业安全与健康标准	美国 OSHA		8-hrTWA:0.2 mg/m³(用于特定的煤焦油、沥青挥发)	

注:PHC019 粗蒽信息可参见此表。

表 10-19　PHC020　环氧乙烷

中文名称	环氧乙烷				
英文名称	Ethylene Oxide				
CAS 登记号	75-21-8	分子式	C_2H_4O	分子量	44.05
监测方法	监测方法	方法来源		监测类别	
	气相色谱法	GBZ/T 160.58—2004		工作场所空气	
	气相色谱—质谱法	GB 5085.3—2007 附录 O		固体废物、土壤及沉积物、水	
	气相色谱法	GB 5085.3—2007 附录 P		固体废物、土壤及沉积物、水	
	气相色谱法；变色酸比色法	《空气中有害物质的测定方法（第二版）》		空气	
评价标准	标准名称	标准来源			
	工业场所有害因素职业接触限值	GBZ 2.1—2019		PC-TWA：2 mg/m³	

表 10-20　PHC021　甲基肼

中文名称	甲基肼；甲肼；一甲肼；甲基联氨				
英文名称	Methylhydrazine；MMH；Methyl Hydrazine				
CAS 登记号	60-34-4	分子式	CH_6N_2/CH_3NHNH_2	分子量	46.072
监测方法	监测方法	方法来源		监测类别	
	气相色谱法	GB 18058—2000 附录 B		空气	
	对二甲氨基苯甲醛分光光度法	GB 18058—2000 附录 A		空气	
	气相色谱法	GBZ/T 300.140—2017		工作场所空气	
	对二甲氨基苯甲醛分光光度法	GB 18062—2000 附录 A		水	
	对二甲氨基苯甲醛分光光度法	GB/T 14375—1993		水	

续表

	标准名称	标准来源	标准限值
评价标准	工业场所有害因素职业接触限值	GBZ 2.1—2019	PC-TWA：0.08 mg/m^3(皮)
	居民区中一甲基肼卫生标准	GB 18052—2000	0.015 mg/m^3(一次值) 0.006 mg/m^3(日均值)
	水源水中一甲基肼卫生标准	GB 18062—2000	0.04 mg/L
	航天推进剂水污染物排放标准	GB 14374—1993	0.2 mg/L

表 10-21　PHC022　萘

中文名称	萘;环烷				
英文名称	Naphthalene;Naphthene				
CAS登记号	91-20-3	分子式	$C_{10}H_8$	分子量	128.174

	监测方法	方法来源	监测类别
监测方法	气相色谱法	GBZ/T 160.44—2004	工作场所空气
	气相色谱-质谱法	HJ 759—2015	环境空气
	气相色谱-质谱法	HJ 810—2016	水
	高效液相色谱法	HJ 478—2009	水
	气相色谱-质谱法	HJ 951—2018	固体废物
	高效液相色谱法	HJ 647—2013	环境空气和废气
	气相色谱-质谱法	HJ 642—2013	土壤、沉积物
	高效液相色谱法	HJ 784—2016	土壤、沉积物
	气相色谱-质谱法	HJ 834—2017	土壤、沉积物
	高效液相色谱法	HJ 892—2017	固体废物
	气相色谱;气相色谱-质谱法	《水和废水监测分析方法(第四版)》	水
	气相色谱-质谱法	《空气和废气监测分析方法(第四版)》	空气和废气

监测方法			
	监测方法	方法来源	监测类别
监测方法	气相色谱-质谱法;气相色谱法	GB 5085.3—2007 附录 K、O、P	固体废物、土壤、水
	气相色谱-质谱法;高效液相色谱法	GB 5085.3—2207 附录 M、附录 Q	固体废物
	吹扫捕集-气相色谱-质谱法	HJ 605—2011	土壤和沉积物

评价标准			
	标准名称	标准来源	标准限值
评价标准	工业场所有害因素职业接触限值	GBZ 2.1—2019	PC-TWA:50 mg/m³ PC-STEL:75 mg/m³
	地下水质量标准	GB 14848—2017	Ⅰ类:≤1 μg/L Ⅱ类:≤10 μg/L Ⅲ类:≤100 μg/L Ⅳ类:≤600 μg/L Ⅴ类:>600 μg/L
	土壤环境质量 建设用地土壤污染风险管控标准(试行)	GB 36600—2018	筛选值:第一类用地 25 mg/kg 第二类用地 70 mg/kg 管制值:第一类用地 255 mg/kg 第二类用地 700 mg/kg

表 10-22　PHC023　一氯丙酮

中文名称	氯丙酮;1-氯-2-丙酮;乙酰甲基氯;一氯丙酮				
英文名称	CHLOROACETONE;1-Chloro-2-propanone;Acetonyl chloride;Monochloroacetone				
CAS登记号	78-95-5	分子式	C_3H_5ClO	分子量	92.5
监测方法	监测方法	方法来源		监测类别	
	气相色谱法	《有机污染物实用监测方法》		水、空气	
	气相色谱法	《有机污染物实用监测方法》		水	

	标准名称	标准来源	标准限值
评价标准	工业场所有害因素职业接触限值	GBZ 2.1—2019	MAC:4 mg/m³（皮）
	美国政府工业卫生学家会议	美国 ACGIH	TLV-STEL:3.8 mg/m³

表 10-23　PHC024　全氟辛基磺酸

中文名称	全氟辛基磺酸				
英文名称	Perfluorooctane sulfonic acid				
CAS 登记号	1763-23-1	分子式	$C_8HF_{17}O_3S$	分子量	500.13

	监测方法	方法来源	监测类别
监测方法	高效液相色谱-质谱法	《水质 全氟辛基磺酸和全氟辛基羧酸的测定 固相萃取/液相色谱—三重四级杆质谱法》（征求意见稿）	水
	高效液相色谱-质谱法	美国 EPA Method:537	饮用水

	标准名称	标准来源	标准限值
评价标准	全氟辛酸和全氟辛烷磺酸临时建设［Provisional Health Advisories for Perfluorooctanoic Acid(PFOA) and Perfluorooctane Sulfonate (PFOS)]	美国 EPA	0.2 μg/L

表 10-24　PHC025　全氟辛基磺酸铵

中文名称	全氟辛基磺酸铵
CAS 登记号	29081-56-9

其余相关信息暂缺,参见全氟辛基磺酸

表 10-25   PHC026   全氟辛基磺酸二癸二甲基铵

中文名称	全氟辛基磺酸二癸二甲基铵
CAS 登记号	251099-16-8

其余相关信息暂缺,参见全氟辛基磺酸

表 10-26   PHC027   全氟辛基磺酸二乙醇铵

中文名称	全氟辛基磺酸二乙醇铵				
CAS 登记号	70225-14-8	分子式	$C_{12}H_{12}F_{17}NO_5S$	分子量	605.27

其余相关信息暂缺,参见全氟辛基磺酸

表 10-27   PHC028   全氟辛基磺酸钾

中文名称	全氟辛基磺酸钾				
CAS 登记号	2795-39-3	分子式	$C_8F_{17}KO_3S$	分子量	538.22

其余相关信息暂缺,参见全氟辛基磺酸

表 10-28   PHC029   全氟辛基磺酸锂

中文名称	全氟辛基磺酸钾				
CAS 登记号	29457-72-5	分子式	$C_8F_{17}LiO_3S$	分子量	506.1

其余相关信息暂缺,参见全氟辛基磺酸

表 10-29   PHC030   全氟辛基磺酸四乙基铵

中文名称	全氟辛基磺酸四乙基铵				
CAS 登记号	56773-42-3	分子式	$C_{16}H_{20}F_{17}NO_3S$	分子量	629.37

其余相关信息暂缺,参见全氟辛基磺酸

表 10-30   PHC031   全氟辛基磺酰氟

中文名称	全氟辛基磺酰氟				
CAS 登记号	307-35-7	分子式	$C_8F_{18}O_2S$	分子量	502.12

其余相关信息暂缺,参见全氟辛基磺酸

表 10-31　PHC032　六溴环十二烷

中文名称	六溴环十二烷（混合异构体）；六溴环十二烷异构体				
英文名称	Hexabromocyclododecane（Mixture of Isomers）；Cyclododecane，hexabromo-isomers				
CAS 登记号	25637-99-4； 3194-55-6； 134237-50-6； 134237-51-7； 134237-52-8	分子式	$C_{12}H_{18}Br_6$	分子量	641.7
监测方法	监测方法		方法来源		监测类别
	暂缺				
评价标准	标准名称		标准来源		标准限值
	暂缺				

表 10-32　PHC033　氰化钾

中文名称	氰化钾；山奈钾				
英文名称	Potassium Cyanide				
CAS 登记号	151-50-8	分子式	KCN	分子量	65.116
监测方法	监测方法		方法来源		监测类别
	暂缺，参见氰化钠				
评价标准	标准名称		标准来源		标准限值
	暂缺，参见氰化钠				

表 10-33　PHC034　氰化钠

中文名称	氰化钠；山奈			
英文名称	Sodium Cyanide			
CAS 登记号	143-33-9	分子式	NaCN	分子量	49.007
监测方法	监测方法	方法来源	监测类别	
	分光光度法	HJ/T 28—1999	废气	
	容量法和分光光度法	HJ 484—2009	水	

	监测方法	方法来源	监测类别
监测方法	真空检测管-电子比色法	HJ 659—2013	水
	分光光度法	HJ 745—2015	土壤
	分光光度法	《空气和废气监测分析方法(第四版)》	空气和废气
	分光光度法	《水和废水监测分析方法(第四版)》	水

	标准名称	标准来源	标准限值
评价标准	工业场所有害因素职业接触限值	GBZ 2.1—2019	MAC:1 mg/m³(CN)
	生活饮用水水质标准	GB 5749—2006	0.05 mg/L(氰化物)
	地下水质量标准	GB/T 14848—2017	Ⅰ类:≤0.001 mg/L Ⅱ类:≤0.01 mg/L Ⅲ类:≤0.05 mg/L Ⅳ类:≤0.1 mg/L Ⅴ类:>0.1 mg/L(氰化物)
	地表水环境质量标准	GB 3838—2002	Ⅰ类:≤0.005 mg/L Ⅱ类:≤0.05 mg/L Ⅲ类:≤0.2 mg/L Ⅳ类:≤0.2 mg/L Ⅴ类:≤0.2 mg/L(氰化物)
	污水综合排放标准	GB 8978—1996	一级:0.5 mg/L 二级:0.5 mg/L 三级:1.0 mg/L(总氰化物)
	城镇污水处理厂污染物排放标准	GB 18918—2002	0.5 mg/L(总氰化物)
	固体废物浸出毒性鉴别标准值	GB 5058—1996	1.0 mg/L(氰化物)
	美国政府工业卫生学家会议	美国 ACGIH	TLV-TWA:5 mg/m³(CN)

续表

标准名称	标准来源	标准限值			
		暴露时间	AEGL-1 mg/m³	AEGL-2 mg/m³	AEGL-3 mg/m³
急性暴露指导水平（AEGLs）	美国 NAC	10 min	5.0	34	54
		30 min	5.0	20	42
		1 h	4.0	14	30
		4 h	2.6	7.0	17
		8 h	2.0	5.0	13

（评价标准）

表 10-34　PHC035　氰化镍钾

中文名称	氰化镍钾;氰化钾镍				
英文名称	Nickel　Potassium Cyanide				
CAS 登记号	14220-17-8	分子式	$K_2Ni(CN)_4$	分子量	240.96
监测方法	监测方法		方法来源		监测类别
	暂缺,参见氰化钠、硝酸镍				
评价标准	标准名称		标准来源		标准限值
	暂缺,参见氰化钠、硝酸镍				

表 10-35　PHC036　氯化氰

中文名称	氯化氰;氰化氯;氯甲腈				
英文名称	Cyanogen Chloride;Chlorine cyanide				
CAS 登记号	506-77-4	分子式	CNCl	分子量	61.47
监测方法	监测方法		方法来源		监测类别
	气相色谱-质谱法		美国 EPA Method:524.2		地表水、地下水、饮用水
	暂缺,参见氰化钠				
评价标准	标准名称		标准来源		标准限值
	工业场所有害因素职业接触限值		GBZ 2.1—2019		MAC:0.75 mg/m³
	美国政府工业卫生学家会议		美国 ACGIH		TLV-C:0.75 mg/m³

表 10-36 PHC037 氰化银钾

中文名称	氰化银钾；银氰化钾				
英文名称	Potassium silver cyanide；Silver potassium cyanide				
CAS 登记号	506-61-6	分子式	C_2AgN_2K	分子量	199.98
监测方法	监测方法		方法来源		监测类别
	暂缺，参见氰化钠				
评价标准	标准名称		标准来源		标准限值
	暂缺，参见氰化钠				

表 10-37 PHC038 氰化亚铜

中文名称	氰化亚铜				
英文名称	Copper(I) Cyanide				
CAS 登记号	544-92-3	分子式	CuCN	分子量	89.563
监测方法	监测方法		方法来源		监测类别
	暂缺，参见氰化钠				
评价标准	标准名称		标准来源		标准限值
	暂缺，参见氰化钠				

表 10-38 PHC039 砷

中文名称	砷		
英文名称	Arsenic		
CAS 登记号	7440-38-2	分子式	As	原子量	74.9
监测方法	监测方法	方法来源	监测类别
	分光光度法	HJ 540—2009	空气和废气
	分光光度法	HJ 541—2009(气态砷)	黄磷生产废气
	原子荧光法；原子吸收光谱法；分光光度法	GBZ/T 300.47—2017	工作场所空气

	监测方法	方法来源	监测类别
监测方法	氢化物-原子吸收光谱法;光度法;砷斑法;等离子发射光谱法;等离子体质谱法	GB/T 5750.6—2006	饮用水
	分光光度法	GB/T 17134—1997	土壤
	原子荧光法	GB/T 22105.2—2008	土壤
	等离子发射光谱法	HJ/T 350—2007 附录 A	土壤
	石墨炉原子吸收法;原子荧光法	GB 5085.3—2007 附录 C、附录 E	固体废物

	标准名称	标准来源	标准限值
评价标准	工业场所有害因素职业接触限值	GBZ 2.1—2019	PC-TWA:0.01 mg/m³ PC-STEL:0.02 mg/m³
	环境空气质量标准	GB 3095—2012	年平均 0.006 ug/m³
	铜、镍、钴工业污染物排放标准	GB 25467—2010	企业边界大气污染物:0.01 mg/m³
	生活饮用水卫生标准	GB 5749—2006	0.01 mg/L;小型集中式供水和分散式供水 0.05 mg/L
	地下水质量标准	GB/T 14848—2017	Ⅰ类:≤0.005 mg/L Ⅱ类:≤0.01 mg/L Ⅲ类:≤0.05 mg/L Ⅳ类:≤0.05 mg/L Ⅴ类:>0.05 mg/L 以上
	地表水环境质量标准	GB 3838—2002	Ⅰ类:≤0.05 mg/L Ⅱ类:≤0.05 mg/L Ⅲ类:≤0.05 mg/L Ⅳ类:≤0.1 mg/L Ⅴ类:≤0.1 mg/L
	污水综合排放标准	GB 8978—1996	0.5 mg/L

	标准名称	标准来源	标准限值
评价 标准	城镇污水处理厂污染物排放标准	GB 18918—2002	废水：0.1 mg/L
	固体废物浸出毒性鉴定标准值	GB 5085.3—2007	5 mg/L
	土壤环境质量 农用地土壤污染风险管控标准（试行）	GB 15618—2018	风险筛选值：pH≤5.5 30 mg/kg；5.5＜pH≤6.5 30 mg/kg；6.5＜pH≤7.5 25 mg/kg；pH＞7.5 20 mg/kg（水田）
	土壤环境质量 建设用地土壤污染风险管控标准（试行）	GB 36600—2018	筛选值：第一类用地 20 mg/kg 第二类用地 60 mg/kg 管制值：第一类用地 120 mg/kg 第二类用地 140 mg/kg
	美国政府工业卫生学家会议	美国 ACGIH	TLV-TWA：0.01 mg/m³ （按砷计）

表 10-39　PHC040　砷化氢

中文名称	砷化氢；砷化三氢；胂				
英文名称	Arsine；Arsenic trihydride；Hydrogen arsenide；Arsenic hydride；(cylinder)				
CAS 登记号	7784-42-1	分子式	AsH₃	分子量	77.945
监测 方法	监测方法	方法来源		监测类别	
	原子荧光法；原子吸收光谱法；分光光度法	GBZ/T 300.47—2017		工作场所空气	
	二乙氨基二硫代甲酸银比色法；结晶紫—砷钼酸比色法	《作业环境空气中有毒物质检测方法》		工作场所空气	
评价 标准	标准名称	标准来源		标准限值	
	工业场所有害因素职业接触限值	GBZ 2.1—2019		MAC：0.03 mg/m³	

234

表 10-40　PHC041　砷酸

中文名称	砷酸				
英文名称	Arsenic Acid				
CAS 登记号	7778-39-4	分子式	H_3AsO_4	分子量	141.94
监测方法	监测方法		方法来源	监测类别	
	高效液相色谱法		《分析化学手册　第四分册　色谱分析》		
评价标准	标准名称		标准来源	标准限值	
	暂缺,参见砷				

表 10-41　PHC042　三氧化二砷

中文名称	三氧化二砷;白砒;砒霜;亚砷酸酐			
英文名称	Arsenic Trioxode;Arsenous acid anhydride			
CAS 登记号	1327-53-3	分子式	As_2O_3	分子量　197.84
监测方法	监测方法	方法来源	监测类别	
	原子荧光法;原子吸收光谱法;分光光度法	GBZ/T 300.47—2017	工作场所空气	
	原子荧光光谱法;分光光度法;等离子发射光谱法;等离子体质谱法	GB/T 5750.6—2006	水(砷)	
	原子荧光法	GB/T 22105.2—2008	土壤(砷)	
	石墨炉原子吸收法;原子荧光法	GB 5085.3—2007 附录 C 附录 E	固体废物	

评价标准	标准名称	标准来源	标准限值		
			暴露时间	AEGL-1 mg/m³	AEGL-2 mg/m³	AEGL-3 mg/m³

评价标准	急性暴露指导水平（AEGLs）	美国 NAC	暴露时间	AEGL-1 mg/m³	AEGL-2 mg/m³	AEGL-3 mg/m³
			10 min	NR	3.7	11
			30 min	NR	3.7	11
			1 h	NR	3.0	9.1
			4 h	NR	1.9	5.7
			8 h	NR	1.2	3.7

注：NR 在 AEGLs 中表示为因数据不足不做推荐。

表 10-42　PHC043　五氧化二砷

中文名称	五氧化二砷;氧化砷;砷酸酐;五氧化砷		
英文名称	Arsenic Pentoxide;Arsenic(V) oxide;Arsenic acid anhydride		
CAS 登记号	1303-28-2　　分子式　　As_2O_5　　分子量　　229.84		
监测* 方法	监测方法	方法来源	监测类别
	原子荧光法;原子吸收光谱法;分光光度法	GBZ/T 300.47—2017	工作场所空气
	原子荧光光谱法;分光光度法;等离子发射光谱法;等离子体质谱法	GB/T 5750.6—2006	水（砷）
	原子荧光法	GB/T 22105.2—2008	土壤（砷）
	石墨炉原子吸收法;原子荧光法	GB 5085.3—2007 附录 C 附录 E	固体废物
评价标准	标准名称	标准来源	标准限值
	暂缺,参见砷		

表 10-43　PHC044　亚砷酸钠

中文名称	亚砷酸钠		
英文名称	Sodium Arsenite		
CAS 登记号	7784-46-5　　分子式　　$NaAsO_2$　　分子量　　129.91		

续表

监测	监测方法	方法来源	监测类别
方法	暂缺,参见砷		
评价	标准名称	标准来源	标准限值
标准	暂缺,参见砷		

表 10-44　PHC045　硝酸钴

中文名称	硝酸钴;硝酸亚钴				
英文名称	Cobalt(Ⅱ) Nitrate;Cobaltous nitrate				
CAS登记号	10141-05-6	分子式	$Co(NO_3)_2$	分子量	182.94

	监测方法	方法来源	监测类别
监测方法	分光光度法	HJ 550—2015	水
	原子吸收分光光度法	HJ 957—2018	水
	原子吸收分光光度法	HJ 958—2018	水
	原子吸收分光光度法	HJ 1081—2019	土壤、沉积物

	标准名称	标准来源	标准限值
评价标准	工业场所有害因素职业接触限值	GBZ 2.1—2019	PC-TWA:0.05 mg/m³ PC-STEL:0.1 mg/m³
	铜、镍、钴工业污染物排放标准	GB 25467—2010	企业边界大气污染物: 0.04 mg/m³
	地下水质量标准	GB/T 14848—2017	Ⅰ类:≤0.005 mg/L Ⅱ类:≤0.05 mg/L Ⅲ类:≤0.05 mg/L Ⅳ类:≤0.1 mg/L Ⅴ类:>0.1 mg/L
	地表水环境质量标准	GB 3838—2002	1.0 mg/L
	土壤环境质量 建设用地土壤污染风险管控标准(试行)	GB 36600—2018	筛选值:第一类用地 20 mg/kg 　　　　第二类用地 70 mg/kg 管制值:第一类用地 190 mg/kg 　　　　第二类用地 350 mg/kg
	美国政府工业卫生学家会议	美国 ACGIH	TLV-TWA:0.02 mg/m³(按钴计)

表 10-45 PHC046 硝酸镍

中文名称	硝酸镍;二硝酸镍				
英文名称	Nickel Nitrate				
CAS 登记号	13138-45-9	分子式	N_2NiO_6	分子量	182.7

	监测方法	方法来源	监测类别
监测方法	原子吸收分光光度法	GB 11912—1989	水
	原子吸收分光光度法	HJ/T 63.1—2001	废气
	原子吸收分光光度法	HJ/T 63.2—2001	废气
	分光光度法	HJ/T 63.3—2001	废气
	原子吸收分光光度法	HJ 491—2019	土壤、沉积物
	原子吸收分光光度法	HJ 751—2015	固体废物
	原子吸收分光光度法	HJ 752—2015	固体废物

	标准名称	标准来源	标准限值
评价标准	工业场所有害因素职业接触限值	GBZ 2.1—2019	PC-TWA:0.5 mg/m³(可溶性镍化合物)
	铜、镍、钴工业污染物排放标准	GB 25467—2010	企业边界大气污染物:0.04 mg/m³
	生活饮用水卫生标准	GB 5749—2006	0.02 mg/L
	地下水质量标准	GB/T 14848—2017	Ⅰ类:≤0.005 mg/L Ⅱ类:≤0.05 mg/L Ⅲ类:≤0.05 mg/L Ⅳ类:≤0.1 mg/L Ⅴ类:>0.1 mg/L
	地表水环境质量标准	GB 3838—2002	0.02 mg/L
	污水综合排放标准	GB 8978—1996	1.0 mg/L
	城镇污水处理厂污染物排放标准	GB 18918—2002	废水:0.05 mg/L
	土壤环境质量 农用地土壤污染风险管控标准(试行)	GB 15618—2018	风险筛选值:pH≤5.5 60 mg/kg;5.5<pH≤6.5 70 mg/kg;6.5<pH≤7.5 100 mg/kg;pH>7.5 190 mg/kg(总镍计)

续表

	标准名称	标准来源	标准限值
评价标准	土壤环境质量 建设用地土壤污染风险管控标准(试行)	GB 36600—2018	筛选值:第一类用地 150 mg/kg 第二类用地 900 mg/kg 管制值:第一类用地 600 mg/kg 第二类用地 2000 mg/kg (总镍计)
	固体废物浸出毒性鉴定标准值	GB 5085.3—2007	5 mg/L(总镍计)
	美国政府工业卫生学家会议	美国 ACGIH	TLV-TWA:0.1 mg/m³.(镍)

表 10-46　PHC047　汞

中文名称	汞;水银				
英文名称	Mercury;Quicksilve;Liquid silver				
CAS 登记号	7439-97-6	分子式	Hg	原子量	200.59
监测方法	监测方法	方法来源	监测类别		
	巯基棉富集-冷原子荧光分光光度法(暂行)	HJ 542—2009	空气		
	原子吸收分光光度法	HJ 917—2017	固定污染源废气		
	冷原子吸收分光光度法	HJ 597—2011	水		
	原子荧光法;冷原子吸收法;双硫腙光度法;等离子体质谱法	GB/T 5750.6—2006	饮用水		
	冷原子吸收分光光度法	GB/T 17136—1997	土壤		
	原子荧光法	GB/T 22105.1—2008	土壤		
	原子荧光法	HJ 680—2013	土壤、沉积物		

续表

	监测方法	方法来源	监测类别
监测 方法	冷原子吸收分光光度法	HJ 923—2017	土壤、沉积物
	电感耦合等离子发射光谱法	GB 5058.3—2007 附录 B	固体废物
	原子荧光法	HJ 702—2014	固体废物

	标准名称	标准来源	标准限值
评价 标准	工业场所有害因素职业接触限值	GBZ 2.1—2019	PC-TWA:0.01 mg/m³(有机汞化合物,按汞计); PC-STEL:0.03 mg/m³
	环境空气质量标准	GB 3095—2012	0.05 ug/m³(年平均)
	大气污染物综合排放标准	GB 16297—1996	排放浓度:0.012 mg/m³;排放速率:$1.5 \times 10^{-3} \sim 33 \times 10^{-3}$ kg/h(二级);无组织排放浓度:0.0012 mg/m³
	工业窑炉大气污染物排放标准	GB 9078—1996	金属熔炼:0.05~5 mg/m³ 其他:0.008~0.020 mg/m³
	铅、锌工业污染物排放标准	GB 25466—2010	企业边界大气: 0.0003 mg/m³
	生活垃圾焚烧污染控制标准	GB 18485—2014	焚烧炉大气污染物排放限值0.05 mg/m³(测定均值表计)
	生活饮用水卫生标准	GB 5749—2006	0.001 mg/L
	地表水环境质量标准	GB 3838—2002	Ⅰ类:≤0.00005 mg/L Ⅱ类:≤0.00005 mg/L Ⅲ类:≤0.0001 mg/L Ⅳ类:≤0.001 mg/L Ⅴ类:≤0.001 mg/L
	地下水质量标准	GB/T 14848—2017	Ⅰ类:≤0.00005 mg/L Ⅱ类:≤0.0005 mg/L Ⅲ类:≤0.001 mg/L Ⅳ类:≤0.001 mg/L Ⅴ类:>0.001 mg/L 以上

续表

标准名称	标准来源	标准限值
海水水质标准	GB 3097—1997	Ⅰ类：≤0.00005 mg/L Ⅱ类：≤0.0002 mg/L Ⅲ类：≤0.0002 mg/L Ⅳ类：≤0.0005 mg/L
污水综合排放标准	GB 8978—1996	0.05 mg/L
城镇污水处理厂污染物排放标准	GB 18918—2002	废水：0.001 mg/L（总汞）
土壤环境质量 建设用地土壤污染风险管控标准（试行）	GB 36600—2018	筛选值：第一类用地 8 mg/kg 第二类用地 38 mg/kg 管制值：第一类用地 33 mg/kg 第二类用地 82 mg/kg
土壤环境质量 农用地土壤污染风险管控标准（试行）	GB 15618—2018	风险筛选值：pH ≤ 5.5 0.5 mg/kg；5.5 ＜ pH ≤ 6.5 0.5 mg/kg；6.5 ＜ pH ≤ 7.5 0.6 mg/kg；pH＞7.5 1.0 mg/kg（水田）
美国政府工业卫生学家会议	美国 ACGIH	TLV-TWA：0.025 mg/m³. 汞

评价标准

急性暴露指导水平（AEGLs）　　美国 NAC

暴露时间	AEGL-1 mg/m³	AEGL-2 mg/m³	AEGL-3 mg/m³
10 min	NR	3.1	16
30 min	NR	2.1	11
1 h	NR	1.7	8.9
4 h	NR	0.67	2.2
8 h	NR	0.33	2.2

注：NR 在 AEGLs 中表示为因数据不足不做推荐。

表 10-47　PHC048　氯化汞

中文名称	氯化汞；二氯化汞；氯化高汞；升汞				
英文名称	Mercuric Chloride；Mercury dichloride				
CAS登记号	7487-94-7	分子式	HgCl₂	分子量	271.496

监测方法	监测方法	方法来源	监测类别
	暂缺,参见汞		
评价标准	标准名称	标准来源	标准限值
	暂缺,参见汞		

表 10-48　PHC049　氯化铵汞

中文名称	氯化铵汞;白降汞;氯化汞铵				
英文名称	Aminomercuric chloride;Mercuric Ammonium Chloride				
CAS 登记号	10124-48-8	分子式	ClH_2HgN	分子量	252.07
监测方法	监测方法		方法来源	监测类别	
	暂缺,参见汞				
评价标准	标准名称		标准来源	标准限值	
	暂缺,参见汞				

表 10-49　PHC050　硝酸汞

中文名称	硝酸汞;硝酸高汞				
英文名称	Mercuric Nitrate				
CAS 登记号	10045-94-0	分子式	$HgN_2O_6/Hg(NO_3)_2$	分子量	324.61
监测方法	监测方法		方法来源	监测类别	
	暂缺,参见汞				
评价标准	标准名称		标准来源	标准限值	
	暂缺,参见汞				

表 10-50　PHC051　乙酸汞

中文名称	乙酸汞;乙酸高汞;醋酸汞				
英文名称	Mercuric Acetate				
CAS 登记号	1600-27-7	分子式	$C_4H_6O_4Hg/$ $Hg(CH_3COO)_2$	分子量	318.68

续表

监测 方法	监测方法	方法来源	监测类别
	暂缺,参见汞		

评价 标准	标准名称	标准来源	标准限值
	暂缺,参见汞		

表 10-51 PHC052 氧化汞

中文名称	氧化汞;一氧化汞;黄降汞;红降汞				
英文名称	Mercuric Oxide;Mercury (II) oxide				
CAS 登记号	21908-53-2	分子式	HgO	分子量	216.6

监测 方法	监测方法	方法来源	监测类别
	暂缺,参见汞		

评价 标准	标准名称	标准来源	标准限值
	暂缺,参见汞		

表 10-52 PHC053 溴化亚汞

中文名称	溴化亚汞;一溴化汞				
英文名称	Mercurous bromide				
CAS 登记号	10031-18-2	分子式	HgBr	分子量	280.50

监测 方法	监测方法	方法来源	监测类别
	离子色谱法	HJ 1040—2019	固定污染源废气(溴化氢)
	离子色谱法	DZ/T 0064.51—1993	地下水(溴离子)
	暂缺,参见汞		

评价 标准	标准名称	标准来源	标准限值
	暂缺,参见汞		

表 10-53 PHC054 乙酸苯汞

中文名称	乙酸苯汞;乙酸苯汞(II);醋酸苯汞;乙酸基苯汞;PMA
英文名称	Phenyl mercuric acetate;Phenylmercury(II) acetate; Phenyl mercury acetate;Acetoxyphenylmercury;PMA

续表

CAS 登记号	62-38-4	分子式	$C_8H_8HgO_2$ / $CH_3COOHgC_6H_5$	分子量	336.75
监测方法	监测方法		方法来源	监测类别	
	暂缺,有关汞监测参见汞				
评价标准	标准名称		标准来源	标准限值	
	暂缺,参见汞				

表 10-54　PHC055　硝酸苯汞

中文名称	硝酸苯汞;苯基硝酸汞				
英文名称	Phenylmercuric Nitrate;Mercuriphenyl nitrate;Mercury, Nitratophenyl				
CAS 登记号	55-68-5	分子式	$C_6H_5HgNO_3$	分子量	339.7
监测方法	监测方法		方法来源	监测类别	
	暂缺,有关汞监测参见汞				
评价标准	标准名称		标准来源	标准限值	
	暂缺,参见汞				

表 10-55　PHC056　重铬酸铵

中文名称	重铬酸铵;红矾铵				
英文名称	Ammonium Dichromate				
CAS 登记号	7789-09-5	分子式	$(NH_4)_2Cr_2O_7$	分子量	252.062
监测方法	监测方法		方法来源	监测类别	
	暂缺,参见重铬酸钾				
评价标准	标准名称		标准来源	标准限值	
	暂缺,参见重铬酸钾				

表 10-56　PHC057　重铬酸钾

中文名称	重铬酸钾;红矾钾				
英文名称	Potassium Dichromate				
CAS 登记号	7778-50-9	分子式	$K_2Cr_2O_7$	分子量	294.19

续表

监测方法	监测方法	方法来源	监测类别
	二苯碳酰二肼分光光度法;原子吸收法	GBZ/T 300.9—2017	工业场所空气（重铬酸盐）
	二苯碳酰二肼光度法	GB 7467—1987	水（六价铬）

评价标准	标准名称	标准来源	标准限值
	工业场所有害因素职业接触限值	GBZ 2.1—2019	PC-TWA：0.05 mg/m³（以铬计）
	生活饮用水卫生标准	GB 5749—2006	0.05 mg/L（六价铬）
	土壤环境质量 农用地土壤污染风险管控标准（试行）	GB 15618—2018	风险筛选值：pH≤5.5 250 mg/kg；5.5＜pH≤6.5 250 mg/kg；6.5＜pH≤7.5 300 mg/kg；pH＞7.5 350 mg/kg（水田）

表 10-57　PHC058　重铬酸钠

中文名称	重铬酸钠;红矾钠				
英文名称	Sodium Dichromate				
CAS 登记号	10588-01-9	分子式	$Na_2Cr_2O_7$	分子量	263.98
监测方法	监测方法	方法来源		监测类别	
	暂缺,参见重铬酸钾				
评价标准	标准名称	标准来源		标准限值	
	暂缺,参见重铬酸钾				

表 10-58　PHC059　三氧化铬[无水]

中文名称	三氧化铬[无水];铬酸酐				
英文名称	Chromic trioxide;Chromic anhydride				
CAS 登记号	1333-82-0	分子式	CrO_3	分子量	99.994
监测方法	监测方法	方法来源		监测类别	
	暂缺,参见重铬酸钾				

续表

评价 标准	标准名称	标准来源	标准限值
	美国政府工业卫生学 家会议	美国 ACGIH	TLV-TWA：0.5 mg/m³. （以铬计）

表 10-59　PHC060　四甲基铅

中文名称	四甲基铅				
英文名称	Tetramethyl Lead；Tetramethyl plumbane				
CAS 登记号	75-74-1	分子式	Pb(CH$_3$)$_4$/C$_4$ H$_{12}$Pb	分子量	267.338
监测 方法	监测方法	方法来源		监测类别	
	气相色谱法	美国 NIOSH Method： 2534，Issue 2		空气（按铅计）	
	暂缺，参见硝酸铅				
评价 标准	标准名称	标准来源		标准限值	
	暂缺，参见硝酸铅				

表 10-60　PHC061　四乙基铅

中文名称	四乙基铅		
监测方法	《水质四乙基铅的测定 顶空/气相色谱—质谱法》		
评价 标准	标准名称	标准来源	标准限值
	《工业场所有害因素 职业接触限值 第 1 部分：化学有害因素》	GBZ 2.1—2019	四乙基铅（按 Pb 计）：PC- TWA：0.02 mg/m³
	《地表水环境质量标 准》	GB3838—2002	集中式生活饮用水地表 水源地特定项目标准限 值：0.0001mg/L。

注：其余信息参见四甲基铅。

表 10-61 PHC062 乙酸铅

中文名称	乙酸铅；醋酸铅				
英文名称	Lead Acetate				
CAS 登记号	301-04-2	分子式	$C_4H_6O_4Pb/$ $(CH_3COO)_2Pb$	分子量	325.287
监测方法	监测方法		方法来源		监测类别
	暂缺，参见硝酸铅				
评价标准	标准名称		标准来源		标准限值
	暂缺，参见硝酸铅				

表 10-62 PHC063 硅酸铅

中文名称	硅酸铅				
英文名称	Lead silicate				
CAS 登记号	10099-76-0	分子式	$PbSiO_3$	分子量	283.284
监测方法	监测方法		方法来源		监测类别
	暂缺，参见硝酸铅				
评价标准	标准名称		标准来源		标准限值
	暂缺，参见硝酸铅				

表 10-63 PHC064 氟化铅

中文名称	氟化铅；二氟化铅				
英文名称	Lead Difluoride				
CAS 登记号	7783-46-2	分子式	F_2Pb	分子量	245.197
监测方法	监测方法		方法来源		监测类别
	暂缺，铅参见硝酸铅，氟参见氟硼酸镉				
评价标准	标准名称		标准来源		标准限值
	暂缺，铅参见硝酸铅，氟参见氟硼酸镉				

表 10-64　PHC065　四氧化三铅

中文名称	四氧化三铅；红丹；铅丹；铅橙				
英文名称	Lead Tetroxide；Red lead；Minium				
CAS 登记号	1314-41-6	分子式	Pb_3O_4	分子量	685.598
监测方法	监测方法		方法来源		监测类别
	暂缺，参见硝酸铅				
评价标准	标准名称		标准来源		标准限值
	暂缺，参见硝酸铅				

表 10-65　PHC066　一氧化铅

中文名称	一氧化铅；氧化铅；黄丹				
英文名称	Lead monoxide；Plumbous oxide				
CAS 登记号	1317-36-8	分子式	PbO	分子量	223.2
监测方法	监测方法		方法来源		监测类别
	暂缺，参见硝酸铅				
评价标准	标准名称		标准来源		标准限值
	暂缺，参见硝酸铅				

表 10-66　PHC067　硫酸铅(含游离酸＞3%)

中文名称	硫酸铅(含游离酸＞3%)				
英文名称	Lead sulfate				
CAS 登记号	7446-14-2	分子式	O_4PbS	分子量	303.263
监测方法	监测方法		方法来源		监测类别
	暂缺，参见硝酸铅				
评价标准	标准名称		标准来源		标准限值
	暂缺，参见硝酸铅				

表 10-67 PHC068 硝酸铅

中文名称	硝酸铅				
英文名称	Lead Nitrate				
CAS登记号	10099-74-8	分子式	$N_2O_6Pb/Pb(NO_3)_2$	分子量	331.21

	监测方法	方法来源	监测类别
监测方法	石墨炉原子吸收分光光度法	HJ 539—2015	空气（铅）
	火焰原子吸收分光光度法	HJ 685—2014	废气（铅）
	火焰原子吸收分光光度法	HJ 491—2019	土壤、沉积物（铅）
	石墨炉原子吸收分光光度法	HJ 17141—1997	土壤（铅）
	火焰原子吸收分光光度法	HJ 786—2016	固体废物（铅）
	原子吸收分光光度法	GB 7475—1987	水（铅）
	分光光度法	GB 7470—1987	水（铅）
	原子吸收法；原子荧光法；等离子发射光谱法；等离子体质谱法	GB/T 5750.6—2006	水（铅）

	标准名称	标准来源	标准限值
评价标准	工业场所有害因素职业接触限值	GBZ 2.1—2019	PC-TWA：0.05 mg/m³（铅尘） PC-TWA：0.03 mg/m³（铅烟）
	环境空气质量标准	GB 3095—2012	年平均：0.5 μg/m³（按铅计） 季平均：1.0 μg/m³（按铅计）
	大气污染物综合排放标准	GB 16297—1996	排放浓度：0.90 mg/m³；排放速率：0.005～0.39 kg/h（二级）；无组织排放浓度：0.0075 mg/m³（按铅计）

	标准名称	标准来源	标准限值
评价标准	地下水质量标准	GB/T 14848—2017	Ⅰ类:≤0.005 mg/L Ⅱ类:≤0.01 mg/L Ⅲ类:≤0.05 mg/L Ⅳ类:≤0.1 mg/L Ⅴ类:＞0.1 mg/L(按铅计)
	生活饮用水卫生标准	GB 5749—2006	0.01 mg/L
	地表水环境质量标准	GB 3838—2002	Ⅰ类:≤0.01 mg/L Ⅱ类:≤0.01 mg/L Ⅲ类:≤0.05 mg/L Ⅳ类:≤0.05 mg/L Ⅴ类:≤0.1 mg/L(按铅计)
	污水综合排放标准	GB 8978—1996	1.0 mg/L
	城镇污水处理厂污染物排放标准	GB 18918—2002	0.1 mg/L(总铅)
	土壤环境质量 建设用地土壤污染风险管控标准(试行)	GB 36600—2018	筛选值:第一类用地 400 mg/kg 第二类用地 800 mg/kg 管制值:第一类用地 800 mg/kg 第二类用地 2500 mg/kg
	土壤环境质量 农用地土壤污染风险管控标准(试行)	GB 15618—2018	风险筛选值:pH≤5.5 80 mg/kg;5.5＜pH≤6.5 100 mg/kg;6.5＜pH≤7.5 140 mg/kg;pH＞7.5 240 mg/kg(水田)
	固体废物浸出毒性鉴定标准值	GB 5085.3—2007	5 mg/L(总铅计)
	美国政府工业卫生学家会议	美国 ACGIH	TLV-TWA:0.5 mg/m³(铅)

表 10-68　PHC069　二丁基二(十二酸)锡

中文名称	二丁基二(十二酸)锡;二丁基二月桂酸锡;月桂酸二丁基锡				
英文名称	Dibutyl Tindilaurate				
CAS登记号	77-58-7	分子式	$(C_4H_9)_2Sn(OOC$ $(CH_2)_{10}CH_3)_2/C_{32}$ $H_{64}O_4Sn$	分子量	631.6
监测方法	监测方法		方法来源		监测类别
	暂缺				
评价标准	标准名称		标准来源		标准限值
	美国政府工业卫生学家会议		美国 ACGIH		TLV-TWA:0.1 mg/m³ TLV-STEL:0.2 mg/m³ (有机化合物,以锡计)

表 10-69　PHC070　二丁基氧化锡

中文名称	二丁基氧化锡;氧化二丁基锡				
英文名称	Dibutyl oxostannane				
CAS登记号	818-08-6	分子式	$C_8H_{18}OSn/(C_4H_9)_2SnO$	分子量	248.95
监测方法	监测方法		方法来源		监测类别
	暂缺				
评价标准	标准名称		标准来源		标准限值
	美国政府工业卫生学家会议		美国 ACGIH		TLV-TWA:0.1 mg/m³ TLV-STEL:0.2 mg/m³ (有机化合物,按锡计)

表 10-70　PHC071　二氧化硒

中文名称	二氧化硒;亚硒酐				
英文名称	Selenious anhydride				
CAS登记号	7446-08-4	分子式	SeO_2	分子量	110.959

续表

	监测方法	方法来源	监测类别
监测方法	原子荧光法	HJ 1133—2020	环境空气、废气
	原子荧光法	HJ 694—2014	水(溶解态硒、总硒)
	原子荧光法	HJ 680—2013	土壤、沉积物(总硒)
	原子荧光法	HJ 702—2014	固体废物

	标准名称	标准来源	标准限值
评价标准	工业场所有害因素职业接触限值	GBZ 2.1—2019	PC-TWA:0.1 mg/m³(按硒计,不包括六氟化硒、硒化氢)
	美国政府工业卫生学家会议	美国 ACGIH	TLV-TWA:0.2 mg/m³(按硒计,不包括六氟化硒、硒化氢)

表 10-71 PHC072 硒化镉

中文名称	硒化镉				
英文名称	Cadmium Selenide				
CAS 登记号	1306-24-7	分子式	CdSe	分子量	191.36

	监测方法	方法来源	监测类别
监测方法	分光光度法	GB 7471—1987	水(溶解态镉、总镉)
	原子吸收分光光度法	HJ/T 64.1—2001	废气(总镉)
	原子吸收分光光度法	HJ/T 64.2—2001	废气(总镉)
	原子吸收分光光度法	GB/T 17141—1997	土壤(总镉)
	原子吸收分光光度法	HJ 786—2016	固体废物(总镉)
	原子吸收分光光度法	HJ 787—2016	固体废物(总镉)
	硒参见二氧化硒		

续表

标准名称	标准来源	标准限值
工业场所有害因素职业接触限值	GBZ 2.1—2019	PC-TWA：0.01 mg/m³（镉及其化合物，按镉计） PC-STEL：0.02 mg/m³（镉及其化合物，按镉计）
土壤环境质量 建设用地土壤污染风险管控标准（试行）	GB 36600—2018	筛选值：第一类用地 20 mg/kg 第二类用地 65 mg/kg 管制值：第一类用地 47 mg/kg 第二类用地 172 mg/kg （按镉计）
土壤环境质量 农用地土壤污染风险管控标准（试行）	GB 15618—2018	风险筛选值：pH ≤ 5.5 0.3 mg/kg；5.5 < pH ≤ 6.5 0.4 mg/kg；6.5 < pH ≤ 7.5 0.6 mg/kg；pH > 7.5 0.8 mg/kg （水田）
美国政府工业卫生学家会议	美国 ACGIH	TLV-TWA：0.01 mg/m³（镉及其化合物，按镉计）

（评价标准栏位于左侧，跨上述各行）

硒参见二氧化硒

表 10-72　PHC073　硒化铅

中文名称	硒化铅				
英文名称	Lead selenide				
CAS登记号	12069-00-0	分子式	PbSe	分子量	286.2
监测方法	监测方法		方法来源		监测类别
	暂缺，参见二氧化硒、硝酸铅				
评价标准	标准名称		标准来源		标准限值
	暂缺，参见二氧化硒、硝酸铅				

253

表 10-73　PHC074　氟硼酸镉

中文名称	氟硼酸镉				
英文名称	Cadmium Tetrafluoroborate				
CAS 登记号	14486-19-2	分子式	B_2CdF_8	分子量	286.02

	监测方法	方法来源	监测类别
监测方法	离子选择电极法	HJ 955—2018	环境空气（氟）
	离子选择电极法	HJ/T 67—2001	废气（氟）
	离子色谱法	HJ 688—2019	废气（氟）
	离子选择电极法	GB 7484—1987	水（氟）
	分光光度法	HJ 488—2009	水（氟）
	离子选择电极法	HJ 873—2017	土壤（氟）
	离子选择电极法	HJ 999—2018	固体废物（氟）
	离子选择电极法	GB/T 15555.11—1995	固体废物（氟）
	镉参见硒化镉		

	标准名称	标准来源	标准限值
评价标准	工业场所有害因素职业接触限值	GBZ 2.1—2019	MAC：2 mg/m³（氟化氢 按氟计） PC-TWA：2 mg/m³（氟及其化合物,不含氟化氢按氟计）
	美国政府工业卫生学家会议	美国 ACGIH	TLV-C：1.67 mg/m³（氟化氢 按氟计）
	镉参见硒化镉		

表 10-74　PHC075　碲化镉

中文名称	碲化镉				
英文名称	Cadmium telluride				
CAS 登记号	1306-25-8	分子式	CdTe	分子量	240.011
监测方法	监测方法	方法来源		监测类别	
	镉参见硒化镉,碲监测方法暂缺				

254

续表

评价标准	标准名称	标准来源	标准限值
	工业场所有害因素职业接触限值	GBZ 2.1—2019	PC-TWA：0.1 mg/m³（不含碲化氢，按碲计）
	镉参见硒化镉		

表 10-75　PHC076　百草枯

中文名称	百草枯；1,1′-二甲基-4,4′-联吡啶阳离子				
英文名称	Paraquat				
CAS 登记号	4685-14-7	分子式	C₁₂H₁₄N₂²⁺	分子量	186.3

	监测方法	方法来源	监测类别
监测方法	高效液相色谱法	GB 21523—2008 附录 E	水
	高效液相色谱法	HJ 914—2017	水
	高效液相色谱法	GB 5085.6—2007 附录 J	固体废物

	标准名称	标准来源	标准限值
评价标准	工业场所有害因素职业接触限值	GBZ 2.1—2019	PC-TWA：0.5 mg/m³
	杂环类农药工业水污染物排放标准	GB 21523—2008	0.01～0.1 mg/L（二氯盐）
	美国政府工业卫生学家会议	美国 ACGIH	TLV-TWA：0.5 mg/m³；0.1 mg/m³（呼吸性颗粒物）
	联邦饮用水指南（Federal Drinking Water Guidelines）	美国 FSTRAC	EPA：30 ug/L（二氯盐）
	美国国家饮用水指南（State Drinking Water Guidelines）		亚利桑那州：3 ug/L（二氯盐）
			迈阿密市：3 ug/L（二氯盐）
			佛罗里达州：31.5 ug/L（二氯盐）

表 10-76　PHC077　马拉硫磷

中文名称	马拉硫磷;O-O-二甲基-S-[1,2-双(乙氧基甲酰)乙基]二硫代磷酸酯				
英文名称	Malathion				
CAS 登记号	121-75-5	分子式	$C_{10}H_{19}O_6PS_2$	分子量	330.358

	监测方法	方法来源	监测类别
监测方法	气相色谱法	GBZ/T 300.149—2017	工作场所空气
	气相色谱法	DB37/T 3023.4—2017	工作场所空气
	气相色谱法	《空气和废气监测分析方法(第四版)》	空气和废气
	气相色谱-质谱法	HJ 1189—2021	水
	气相色谱法	GB 13192—1991	水
	气相色谱法	GB/T 5750.9—2006	饮用水
	气相色谱-质谱法	HJ 1023—2019	土壤、沉积物
	气相色谱-质谱法	GB 5085.3—2007 附录ⅠK	固体废物,土壤,地下水
	气相色谱-质谱法	HJ 963—2018	固体废物

	标准名称	标准来源	标准限值
评价标准	工业场所有害因素职业接触限值	GBZ 2.1—2019	PC-TWA: 2 mg/m³
	地下水质量标准	GB/T 14848—2017	Ⅰ类:≤0.05 μg/L Ⅱ类:≤25.0 μg/L Ⅲ类:≤250 μg/L Ⅳ类:≤500 μg/L Ⅴ类:>500 μg/L
	地表水环境质量标准(集中式生活饮用水地表水源地特定项目标准限值)	GB 3838—2002	0.05 mg/L
	海水水质标准	GB 3097—1997	一类:0.0005 mg/L; 其他:0.001 mg/L
	生活饮用水卫生标准	GB 5749—2006	0.25 mg/L
	美国政府工业卫生学家会议	美国 ACGIH	TLV-TWA:1 mg/m³

评价标准	标准名称	标准来源	标准限值			
			暴露时间	AEGL-1 mg/m³	AEGL-2 mg/m³	AEGL-3 mg/m³
	急性暴露指导水平（AEGLs）	美国 NAC	10 min	15	150	500
			30 min	15	150	500
			1 h	15	120	390
			4 h	15	77	250
			8 h	15	55	140

表 10-77 PHC078 福美双

中文名称	双（N,N-二甲基甲硫酰）二硫化物；四甲基二硫代秋兰姆；四甲基硫代过氧化二碳酸二酰胺；福美双			
英文名称	Bis（dimethylthiocarbamoyl）disulfide；Tetramethylthiuram disulfide；Tetramethylthioperoxydicarbonic diamide；Thiram			
CAS 登记号	137-26-8	分子式	$C_6H_{12}N_2S_4$ / $(CH_3)_2$ N-CS-S-S-CS-N$(CH_3)_2$	分子量	240.433

监测方法	监测方法	方法来源	监测类别
	高效液相色谱法	美国 NIOSH Method：5005，Issue 3	气
	分光光度法	美国 EPA Method：630	水
	气相色谱法	美国 EPA Method：630.1	水

评价标准	标准名称	标准来源	标准限值
	美国政府工业卫生学家会议	美国 ACGIH	TLV-TWA：0.05 mg/m³

表 10-78 PHC079 福美锌

中文名称	双（二甲基二硫代氨基甲酸）锌；福美锌			
英文名称	Zinc dimethyldithiocarbamate；Ziram			
CAS 登记号	137-30-4	分子式	$((CH_3)_2NCS \cdot S)_2Zn$ / $C_6H_{12}N_2S_4Zn$	分子量	305.83

续表

监测方法	监测方法	方法来源	监测类别
	分光光度法	美国 EPA Method:630	水
	气相色谱法	美国 EPA Method:630.1	水

评价标准	标准名称	标准来源	标准限值
	美国国家饮用水指南(State Drinking Water Guidelines)	美国 FSTRAC	缅因州:25 μg/L

表 10-79　PHC080　甲草胺

中文名称	甲草胺;2-氯-N-(2,6-二乙基苯基)-N-甲氧基甲基-氯乙酰胺			
英文名称	Alchlor;2-Chloro-N-(2,6-diethyl)phenyl-N-methoxymethyl-acetamide			
CAS 登记号	15972-60-8	分子式　$C_{14}H_{20}ClNO_2$	分子量	269.767

监测方法	监测方法	方法来源	监测类别
	气相色谱法	美国 EPA Method:505	水
	气相色谱-质谱法	美国 EPA Method:525.2	饮用水
	气相色谱法	美国 EPA Method:508.1	饮用水、地表水
	气相色谱法	美国 EPA Method:8081B	固体废物、水

评价标准	标准名称	标准来源	标准限值
	生活饮用水水质卫生规范	卫生部,2001	0.02 mg/L
	联邦饮用水指南(Federal Drinking Water Guidelines)	美国 FSTRAC	EPA:2 ug/L
	美国国家饮用水指南(State Drinking Water Guidelines)		亚利桑那州:0.15 ug/L
			迈阿密市:7 ug/L
	美国政府工业卫生学家会议	美国 ACGIH	TLV-TWA:1 mg/m³

258

表 10-80 PHC081 乙草胺

中文名称	乙草胺;N-(2-乙基-6-甲基苯基)-N-乙氧基甲基-氯乙酰胺				
英文名称	Acetochlor				
CAS 登记号	34256-82-1	分子式	$C_{14}H_{20}ClNO_2$	分子量	269.8
监测方法	监测方法	方法来源		监测类别	
	气相色谱法	DB15/T 2111—2021		土壤	
	气相色谱-质谱法	美国 EPA Method:526		水	
评价标准	标准名称	标准来源		标准限值	
	工业场所有害因素职业接触限值	GBZ 2.1—2019		PC-TWA:0.13 mg/m³	

表 10-81 PHC082 硫丹

中文名称	(1,4,5,6,7,7-六氯-8,9,10-三降冰片-5-烯-2,3-亚基双亚甲基)亚硫酸酯;1,2,3,4,7,7-六氯双环[2,2,1]庚烯-(2)-双羟甲基-5,6-亚硫酸酯;硫丹		
英文名称	(1,4,5,6,7,7-Hex-achloro-8,9,10-trinorborn-5-en-2,3-ylenebismethylene)-sulfite;Endosulfan		
CAS 登记号	115-29-7	分子式 $C_9H_6Cl_6O_3S$	分子量 406.925
监测方法	监测方法	方法来源	监测类别
	气相色谱-质谱法	HJ 901—2017	环境空气
	气相色谱-质谱法	HJ 900—2017	环境空气
	气相色谱-质谱法	HJ 699—2014	水
	气相色谱法	HJ 921—2017	土壤、沉积物
	气相色谱-质谱法	HJ 835—2017	土壤、沉积物
	气相色谱-质谱法	HJ 912—2017	固体废物
	气相色谱法	GB 5085.3—2007 附录 H	固体废物
	气相色谱-质谱法	GB 5085.3—2007 附录 K	固体废物、土壤、地下水

续表

	标准名称	标准来源	标准限值
评价标准	土壤环境质量 建设用地土壤污染风险管控标准(试行)	GB 36600—2018	筛选值:第一类用地234 mg/kg 第二类用地 1687 mg/kg 管制值:第一类用地470 mg/kg 第二类用地 3400 mg/kg
	美国政府工业卫生学家会议	美国 ACGIH	TLV-TWA:0.1 mg/m³
	美国国家饮用水指南(State Drinking Water Guidelines)	美国 FSTRAC	亚利桑那州 74 ug/L

表 10-82　PHC083　氯氰菊酯

中文名称	氯氰菊酯;(RS)-2-氰基-3-苯氧苄基(1RS)-顺-反-3(2,2-二氯乙烯基)-2,2-二甲基环丙烷羧酸酯		
英文名称	Cypermethrin;(RS)-alpha-Cyano-3-phenoxybenzyl (1RS)-cis-trans-3-(2,2-dichlorovinyl)-2,2-dimethylcyclopropanecarboxylate		
CAS 登记号	52315-07-8	分子式　$C_{22}H_{19}Cl_2NO_3$	分子量　416.297

	监测方法	方法来源	监测类别
监测方法	高效液相色谱法	GBZ/T 160.78—2007	工作场所空气
	气相色谱法	GB/T 5750.9—2006	饮用水
	气相色谱-质谱法	美国 EPA Method:1699	水、土壤、底质、污泥
	气相色谱法	美国 OSHA Method:PV2063	空气

	标准名称	标准来源	标准限值
评价标准	美国国家饮用水指南(State Drinking Water Guidelines)	美国 FSTRAC	佛罗里达州 350 $\mu g/L$

表 10-83 PHC084 三苯基羟基锡

中文名称	三苯基羟基锡;三苯基氢氧化锡				
英文名称	Triphenyl Tin Hydroxide				
CAS 登记号	76-87-9	分子式	$C_{18}H_{16}OSn/(C_6H_5)_3$ SnOH	分子量	367.03
监测 方法	监测方法		方法来源		监测类别
	暂缺				

评价 标准	标准名称	标准来源	标准限值
	美国政府工业卫生学家会议	美国 ACGIH	TLV-TWA:0.1 mg/m³ TLV-STEL:0.2 mg/m³ (短期接触限值)(以锡计,有机锡化合物)
	美国国家饮用水指南 (State Drinking Water Guidelines)	美国 FSTRAC	明尼苏达州:4000 μg/L (锡)

261

参考文献

一、专著

[1]国家环境保护总局编:《空气和废气监测分析方法(第四版)》,中国环境科学出版社 2002 年版。

[2]国家环境保护总局编:《水和废水监测分析方法(第四版)》,中国环境科学出版社 2002 年版。

[3]中国环境监测总站编:《应急监测技术》,中国环境出版社 2013 年版。

[4]宁波市环境监测中心主编:《快速检测技术及在环境污染与应急事故监测中的应用》,中国环境科学出版社 2011 年版。

[5]苏州市环境监测中心站编、候定远主编:《有机污染物实用监测方法》,山西科学技术出版社、北岳文艺出版社 2003 年版。

[6]美国环境保护局编:《固体废弃物试验与分析评价手册》,中国环境监测总站、中国科学院生态环境研究中心、北京市环境监测中心译,中国环境科学出版社 1992 版。

[7]曹永琳:《江西省突发性环境污染事故应急监测技术》,江西科学技术出版社 2005 年版。

[8]杭世平主编:《空气中有害物质的测定方法(第二版)》,人民卫生出版社 1986 年版。

[9]李国刚编著:《环境化学污染事故应急监测技术与装备》,化学工业出版社 2005 年版。

[10]刘虎威编著:《气相色谱方法及应用(第二版)》,化学工业出版社 2007 年版。

[11]孙蕾、万小卓主编:《环境事故监测与处置应急手册》,中国环境科学出

版社 2006 年版。

[12]孙玉叶、夏登友主编:《危险化学品事故应急救援与处置》,化学工业出版社 2008 年版。

[13]万本太主编:《突发性环境污染事故应急监测与处理处置技术》,中国环境科学出版社 1996 年版。

[14]王向明、陈正夫主编:《分析测试技术在公共污染事件中的应用》,化学工业出版社 2005 年版。

[15]翁燕波、付强、傅晓钦等主编:《环境应急监测技术与管理》,化学工业出版社 2014 年版。

[16]徐广华等:《环境应急监测技术与实用》,中国环境科学出版社 2012 年版。

[17]应红梅主编:《突发性水环境污染事故应急监测响应技术构建与实践》,中国环境科学出版社 2013 年版。

[18]袁力、胡冠九主编:《化学危险品污染应急监测实用手册》,河海大学出版社 2012 年版。

[19]朱丽波、徐能斌等主编:《环境污染事故实验室快速应急监测技术》,中国环境科学出版社 2012 年版。

[20]张宁红、郁建桥主编:《江苏省突发性环境事件应急监测实用手册》,河海大学出版社 2011 年版。

二、期刊

[1]陈宁、边归国:《我国环境应急监测车的现状与发展趋势》,《中国环境监测》2007 年第 6 期。

[2]傅晓钦、胡迪峰、翁燕波等:《突发性环境污染事故应急监测研究进展》,《中国环境监测》2012 年第 1 期。

[3]高娟、李贵宝、华珞:《地表水环境监测进展与问题探讨》,《水资源保护》2006 年第 1 期。

[4]计红、韩龙喜、刘军英等:《水质预警研究发展探讨》,《水资源保护》2011 年第 5 期。

[5]李文捷、张敏、王丹:《中国 GBZ 2.1 与美国 ACGIH 工作场所化学有害因素职业接触限值比较研究》,《中华劳动卫生职业病杂志》2014 年第 1 期。

[6]王国洪:《微生物检验质量影响因素分析》,《中国农村医学杂志》2008 年第 2 期。

[7]王爽、王志荣:《危险化学品重大危险源辨识中存在问题的研究与探

讨》,《中国安全科学学报》2010 第 5 期。

[8]熊长保、刘香:《如何发挥环境应急监测在突发环境污染事故中的作用》,《江西化工》2009 年第 2 期。

[9]朱鸣鹤、丁永生、郑道昌等:《二阶微分阳极溶出伏安法测定纯水中痕量常见重金属》,《大连海事大学学报》2005 年第 1 期。

三、国家标准

[1]《城镇污水处理厂污染物排放标准》(GB 18918—2002)。

[2]《大气污染物综合排放标准》(GB 16297—1996)。

[3]《地表水环境质量标准》(GB 3838—2002)。

[4]《地下水质量标准》(GB/T 14848—2017)。

[5]《恶臭污染物排放标准》(GB 14554—1993)。

[6]《工作场所有害因素职业接触限值　第 1 部分:化学有害因素》(GBZ 2.1—2019)。

[7]《海水水质标准》(GB 3097—1997)。

[8]《环境空气质量标准》(GB 3095—2012)。

[9]《农田灌溉水质标准》(GB 5084—2021)。

[10]《生活垃圾焚烧污染控制标准》(GB 18485—2014)。

[11]《生活饮用水卫生标准》(GB 5749—2006)。

[12]《室内空气质量标准》(GB/T 18883—2002)。

[13]《水质　采样方案设计技术规定》(GB 12997—1991)。

[14]《水质　采样技术指导》(HJ 494—2009)。

[15]《水质　采样技术指导》(GB 12998—1991)。

[16]《水质采样　样品的保存和管理技术规定》(GB 12999—1991)。

[17]《水质　湖泊和水库采样技术指导》(GB/T 14581—1993)。

[18]《突发环境事件应急监测技术规范》(HJ 589—2021)。

[19]《土壤环境质量　建设用地土壤污染风险管控标准(试行)》(GB 36600—2018)。

[20]《土壤环境质量　农用地土壤污染风险管控标准(试行)》(GB 15618—2018)。

[21]《危险废物鉴别标准　毒性物质含量鉴别》(GB 5085.6—2007)。

[22]《危险废物鉴别标准　浸出毒性鉴别》(GB 5085.3—2007)。

[23]《污水综合排放标准》(GB 8978—1996)。

[24]《水质　样品的保存和管理技术规定》(HJ 493—2009)。